本书受国家自然科学基金项目《基于深度学习的乳腺病理图像多尺度分析与精准诊断方法研究》(批准号：61702026)、北京建筑大学金字塔人才培养工程建大英才项目(批准号：JDYC20200318)支持

XIANWEI TUXIANG CHULI YU FENXI

显微图像处理与分析

隋　栋　王宽全　郝爱民　王砚涛　著

中国海洋大学出版社

·青岛·

图书在版编目(CIP)数据

显微图像处理与分析 / 隋栋等著. —青岛：中国
海洋大学出版社，2020.11

ISBN 978-7-5670-2659-9

Ⅰ.①显…　Ⅱ.①隋…　Ⅲ.①光学显微镜－图象处理
Ⅳ.①TP391.413

中国版本图书馆 CIP 数据核字(2020)第 229511 号

出版发行	中国海洋大学出版社		
社　　址	青岛市香港东路 23 号	**邮政编码**	266071
出 版 人	杨立敏		
网　　址	http://pub.ouc.edu.cn		
电子信箱	zwz_qingdao@sina.com		
订购电话	0532－82032573(传真)		
责任编辑	邹伟真	**电　　话**	0532－85902533
印　　制	日照报业印刷有限公司		
版　　次	2020 年 11 月第 1 版		
印　　次	2020 年 11 月第 1 次印刷		
成品尺寸	170 mm×230 mm		
印　　张	11		
字　　数	200 千		
印　　数	1—1000		
定　　价	58.00 元		

发现印装质量问题,请致电 0633－8221365,由印刷厂负责调换。

前　言

细胞显微图像处理与分析在生命科学领域占有非常重要的地位,随着显微镜技术的发展,多种不同用途的显微平台被逐渐开发出来,由此产生了大量的高通量、高信息量生物微观数据。这些数据的分析工作给计算机科学领域与生命科学领域的研究人员带来极大的挑战。

细胞检测与计数、神经元细胞解剖结构的三维重建以及基于上述方法的病理图像分析都是显微图像领域的研究热点。此外,乳腺癌在女性群体中发病率较高,组织病理分析是其最终确诊的有效手段,其中,组织病理切片是新一代显微图像的代表。精准的数字组织病理切片分析可以将各类"组学"数据和医学影像数据结合起来,是建立从微观到宏观对乳腺癌进行精准评估与预测的一个有效通道。国内外研究人员已经提出一些半自动的方法来辅助完成此类工作,然而现存方法仍然在检测精度上面有很大的局限。

本书对显微图像处理领域中细胞检测计数与三维重建方法进了研究与总结,介绍了暗视野高密度细胞、明亮视野昆虫细胞的检测与计数以及神经元细胞三维重建的探索性研究工作。本书后半部分针对深度学习技术检测乳腺癌淋巴结转移这一应用上面展开相关介绍,给临床医学领域、医学图像处理与分析领域以及显微图像分析领域提供理论与技术方面的支持。

书中分别对显微图像分析领域中的二维细胞计数、三维的神经细胞解剖结构重建方法和多尺度病理全扫描切片中目标检测、癌症区域分析以及细胞水平诊断进行介绍,实验与实际应用的结果证明了提出的方法可以应用于高密度细胞、明亮视野细胞与神经元细胞的图像分析处理、多尺度乳腺癌病理切片分析中来获取研究所需要的细胞水平与组织水平的相关信息。

本书适用于从事显微图像处理研究的科研人员、学生以及相关行业从业者。

目　录

第1章 绪 论

1.1 背景及意义

1.1.1 研究背景

随着分子生物学和细胞生物学领域的深入研究,单纯的实验结果已经不能满足科研工作者探究微观生命活动的需求,这极大地促进了显微成像技术的快速发展,由此产生了大量且复杂的生物细胞的显微图像来辅助实验分析。进入21世纪后,高通量、高信息量的生物微观图像数据的大量增加给计算机图形图像工作者带来了极大的挑战。因此,开发理想的图像处理、数据挖掘、数据库以及可视化技术来辅助复杂的生物医学图像数据分析已经成为当前生命科学与计算机科学领域研究人员面临的巨大挑战。目前,随着图像处理技术在生命科学领域的广泛应用,这种基于图像的研究方法在细胞生物学、分子生物学等领域均取得了丰硕的成果。

然而长期以来由于生物医学图像数据的多样化,目前现有的图像处理方法并不能解决在实验分析过程中遇到的所有问题。同时,显微仪器平台的迅速发展也使得研究工作可以从更多尺度、更多模态的角度对生物系统进行量化研究,由此产生的多样化的图像数据所包含的信息量十分庞大,这样传统的手段在处理高信息、高通量图像数据时便明显现出其在效率与准确性上的不足。基于以上在生物医学图像处理领域的诸多需求,本书将对该领域中的细胞检测、三维重建等关键技术问题进行深入研究。

以自动化手段辅助生物实验是近年来的一个研究热点,目的是将人从纷繁复杂、费时费力的实验工作中解脱出来,就细胞实验来说,随着大型显微成像系统的广泛应用,产生了大量用于不同实验分析目的显微图像,传统分析完全依赖人工操作方式进行,由于数据量巨大,这种分析处理方式已经明显暴露出其在速度、准确度和效率上面的不足。经过多年的发展,以自动或半自动方式来分析生物实验图像数据便成为一种普遍的工作方式,这样,计算机辅助细胞显微图像分析,特别是其在细胞生物学领域内的应用目前已经备受计算机和生命科学研究工作者的关注。

1.1.2 研究意义

细胞检测及计数在生物实验、临床医疗诊断以及工业等领域中都起着重要作用。例如,在医学诊断领域通过分析视网膜细胞密度可以诊断视网膜脱离和复位之间的病理关系;在医学检验领域,通过对血细胞分析可以判定病人的病理生理状况;在细胞生物学研究领域,通过对细胞进行计数可以辅助基因表达分析;在微生物工业领域,对酵母细胞精准计数可以精确地确定酵母细胞的浓度及活性,从而利于后续发酵研究等。总之,细胞检测与计数的方式方法看似基础,但却意义重大,目前以自动化手段辅助解决此类问题已经成为研究热点。

在神经科学领域,构建复杂的神经细胞树状解剖结构的目的之一就是通过揭示神经系统的网络装配原理,进而分析神经系统如何指导生物的复杂行为,同时也为揭示生物脑功能奠定了基础。Ramony Cajal 的研究小组已完成了第一个神经元细胞结构手工构建的工作,目前神经元细胞轴突与树突解剖结构重建已经成为神经信息学领域研究的热点,同时也为量化研究神经细胞结构提供有价值的研究数据。通过计算机算法辅助神经元细胞重建,可以极大程度地提高此项工作的效率,将人从繁重的工作中解脱出来。然而现在流行的方法明显在应用的效果和时间上面有很大的不足,对新型重建算法存在极大的需求。此外,准确的重建结果还可以为后续的仿真计算提供解剖结构上面的依据,为研究人员更深入地研究神经信号转导以及针对神经系统疾病治疗提供非常直观的辅助。

对细胞检测、计数与神经元细胞轴突树突重建过程中的关键技术进行研究,借助图像处理技术来对细胞图像进行辅助分析,以达到辅助生物医学实验的目的。当前基于图像的细胞检测与计数方法研究多停留在传统方法应用上,这便限制了检测的普适性,往往都是集中在对特定细胞的检测,尤其在细胞密度较高的区域很难获得较高的计数精度。本书分别提出明暗视野下的细胞检测方法,用以扩展方法的普适性。另外,在神经细胞解剖结构重建领域,关键点检测是重建骨架之前非常重要的预处理步骤,检测到准确的关键点可以提高后续骨架重建的精度与效率,本书在以往重建策略的基础上,提出新的种子点检测、骨架重建及细胞半径边缘估计的方法,从抵抗噪声以及提高半径估计准确度方面对其进行改进,最后以获得的半径边缘为基础,借助轮廓线重建方法完成神经细胞的解剖结构重建。

1.2 细胞检测计数研究现状

1.2.1 研究现状

细胞检测与计数工作一直以来在诸多以细胞为基础的实验及基因表达体系的工作策略中都是限制效率的重要因素,一种传统的细胞计数方法是通过手工方式将细胞溶液或稀释液注入血球计数板中,在光学显微镜或共聚焦显微镜等显微成像设备下通过视觉观察的方法数出细胞个数,此方法从细胞实验起源的那一天开始到现在,仍然有许多实验室沿用这种传统的计数方法。但这些方法在应用过程中仍然存在一些弊端无法解决,例如传统的计数方法经过不同的人之间和同一人不同次数后所得到的结果均存在一定的差异,有些密度较高的细胞计数需要反复多次进行,甚至在有些与细胞数量相关的疾病诊断工作中,传统的细胞计数方式的准确度较低以至影响诊断结果。

为了解决人工计数中较低效率和低准确度这一弊端,从 20 世纪 40 年代开始就已经有部分研究人员进行了自动或半自动的颗粒状物计数方法研究工作。1940 年,Wallace Coulter 提出了一种在液体中检测并计算悬浮颗粒的半自动方法,相比人工方式来说,此种方法较为快速,这开辟了计算机辅助颗粒和细胞检测的先河。随着这一"里程碑意义"的方法的提出,有很多研究小组也提出了许多类似的方法,并对现有的一些方法做了一定的改进,这些方法主要集中在细胞的检测方面,其中以研究红血球细胞和白细胞的检测计数方法最多,目前也有很多比较成型的商业化软件来支持细胞计数工作,虽然上述方法和软件针对该类型细胞的检测及计数具有极高的效率,但是仍然存在着一些缺陷,比如计数的方法只适合于单一细胞种类,不能用作其他的细胞类型。

近年来显微镜技术取得了快速发展,细胞图像获取方式也产生了很大的革新,从传统的光学显微镜到目前的共聚焦显微镜甚至电子显微镜,人们可以在不同角度及不同的生理状态下来观察细胞形态及生理结构。拿细胞数量来说,在一定程度上它决定了细胞、组织和器官的生理状态,因此暗视野细胞检测与计数的方法一直以来都是生物工作者关注的一项关键技术。

在肿瘤学的研究中，需要从肿瘤原代细胞中辨别出处于有丝分裂期的细胞，这样对处于该分裂期细胞的检测和计数显得十分重要。Anne 等提出了一种识别细胞类型和计数的策略，可以高效的分离出目标细胞并计算其个数，该方法在不同类型的细胞筛选中有比较广泛的应用，截至目前，在红细胞与白细胞的检测与计数领域已取得很大的进展，同时，对细胞数量变化的准确检测也是一些研究人员所进行实验研究成功的关键因素。计算机视觉的方法进行研究的报道有很多，Demandolx 等利用图像阈值在暗视野显微镜图像下来分割细胞体与背景，从而实现细胞的检测与计数工作的开端。

Malpica 针对密集排列的细胞群，应用分水岭算法在适当荧光染料染色的情况下对其进行分割，细胞分割比例达到总数的 90%。

Nedzved 针对免疫组化的细胞图像，设计了一系列基于形态学变换的细胞分割算法，同样的方法也被 Fatichah 等扩展至红白细胞计数的应用上面，并分别对低、高密度的细胞取得了良好的区分效果。

针对在诊断领域对细胞计数的迫切需求，Byun 等提出了一种基于反向高斯滤波的高密度细胞计数方法，此种方法在猫的视网膜切片 z 序列的图像数据中获得了接近人工计数的精度。

Usaj 与 Torkar 等同样利用反向高斯滤波解决了大肠杆菌感受态在制备过程中的计数问题，提出了针对非均匀形态细胞计数的策略，同时提高了感受态细胞制备过程的自动化程度。

国内方面对细胞检测与计数方法的研究起步比较晚，主要集中在对血液中的红细胞和白细胞的检测计数研究上，同时对其他特定种类的细胞计数也有一定的研究，例如对多层彩色细胞的计数方法、对牛乳体细胞的计数方法、对视网膜神经节细胞的计数方法和对斑马鱼视网膜细胞的计数方法等。但是目前国内的研究水平较低，大多数都局限在红白细胞的识别与计数上面，而且在面向特定细胞的计数方法的扩展性非常有限。

除现有的方法外，国外也已经有很多的商业化或免费的细胞检测、计数以及分析的软件，比如 Cellprofiler 和 ImageJ 等均为细胞实验工作者常用的分析软件，但是目前存在的这些软件大多数都需要人工协助才能完成细胞检测工作，有的软件甚至需要细胞实验人员懂得图像处理技术才能使用，这便极大地限制了软件的应用。除此之外，大多数的细胞分析软件只针对单一品系的细胞或细胞系，没有普适性，况且在检测的准确性方面也较低。

目前,细胞计数的研究主要集中在血细胞计数上面,并且已经取得了极大的进展。在红白细胞计数的研究方面,已经在准确度上达到了较高的水平,并且已经有较为成熟的产品问世。同时,针对多种新种类细胞的检测及计数方法仍在不断地发展中。但是,目前研究的细胞计数的方法大多比较单一,主要是集中在一些典型的细胞上面。虽然基于传统的图像处理算法设计的细胞检测方法有其应用的范围,但是在处理相对复杂情况的时候往往略显不足,况且目前采集到的细胞显微数据会受到光照不均和噪声的影响。

随着生物技术和显微成像技术的发展,多种亚细胞标记技术为细胞的检测开辟了一条新途径,目前二维细胞数据的检测方法主要是针对暗视野下的共聚焦显微镜采集的细胞图像进行,虽然检测的精度和效率可以满足实验的需求,但是当细胞密度增大和出现细胞交叠等复杂情况时,上述方法往往失去了优势,这便极大地降低了细胞检测的准确性,因此开发暗视野下的高密度细胞检测工具是解决此类问题的关键。同时,在明亮视野下检测细胞的方法也有很多人提出,并且针对单一种类细胞的检测效率较高,但是此类方法并不具有广泛性,所开发的工具往往只针对某一类细胞,这便为开发一种广泛性的明亮视野下的细胞检测工具提供了极大的发展空间。

随着技术的发展以及实验研究的需要,已产生很多三维的细胞显微图像数据技术,但是就目前的研究状况来看,虽然有基于传统图像处理方法的三维细胞图像检测工具,但是这些检测工具往往会受到图像噪声的影响而导致检测效率较低,尤其是在神经元纤维重建的前处理过程中,但是选择高效的细胞检测工具可以为后续操作提供便利。因此,开发三维的细胞检测工具已经是目前研究的热点。

综上所述,无论在二维还是三维水平对细胞检测方法的研究均存在着极大的不足,开发更具广泛性、高效和操作简便的细胞检测工具已经成为现今的重点,在这一方面仍然有许多尚未解决和有待深入研究的问题。此外,由于目前产生的细胞及亚细胞显微图像的数据量的激增,单纯手工方式分析细胞数据已经远远不能满足实验的需要,因此开发新型自动或半自动的细胞检测及计数工具来提高细胞实验的工作效率已经成为当今生物医学工程工作者的主要任务之一。

1.2.2　常用显微镜

亮视野显微镜与共聚焦显微镜在细胞成像领域有着非常广泛的应用。在显微镜学的研究领域中,研究人员利用不同的荧光染料将生物组织、细胞等进行染色,随后经过一系列切片与固定操作,最终实现区分组织边界以及视觉识别的目的。在显微镜观察的同时,通常将荧光染料染色过的组织或细胞置于低频激发光之下(通常为紫外光、红外光等),这样经过染色的组织或细胞均能散射出视觉可见的低频光谱。

1.2.2.1 亮视野显微镜

亮视野显微镜是光学显微镜研究领域中最简单的一类,其原理是将待观察的物体完全暴露在白光之下,研究人员可以根据不同的透射程度来区分密度不同的物体。在亮视野显微镜下,被观察的所有样本同时暴露在光源之下,样本的所有部分均同时被光源激发,但视野中只有处在焦平面上面的物体呈现清晰的轮廓,为固定目标观测提供一条非常便捷的途径。

亮视野显微镜在细胞生物学以及微生物实验室均有广泛的应用,比如细胞计数、细菌菌落形态观察、病理切片观察等等。

1.2.2.2 共聚焦显微镜

相比于光学显微镜,共聚焦显微镜是一种比较高端的显微设备。此类显微镜采用不同于光学显微镜的全样本照明方式,用光点扫描的方式对样本进行成像,可以通过空间针孔的方式去掉聚焦不准的点,从而实现获得高分辨率的图像。这种图像每次只对一个空间点进行照明,因此可以通过此种成像方式来获得较大样本的三维空间图像序列。图 1-1 为共聚焦显微镜的结构及原理示意图。

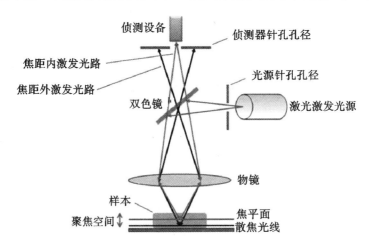

图 1-1 共聚焦显微镜原理示意图

共聚焦显微镜的分辨率分为轴向分辨率和横向分辨率,各个方向的分辨率分别由光源的波长、数字设备以及折射率等参数决定,其轴向分辨率往往低于横向分辨率。由于点扩散函数(Point spread function,PSF)对成像效果有一定程度的影响,如散焦、边缘模糊等现象,截至目前已经有很多方法来消除点扩散函数对成像的影响,诸如建模、滤波等方法。

1.2.3 细胞检测一般工作流程

对于细胞检测及计数工作来说,目前已经有比较成型的策略,大多基于图像的细胞检测工作方案的策略步骤(图 1-2)。

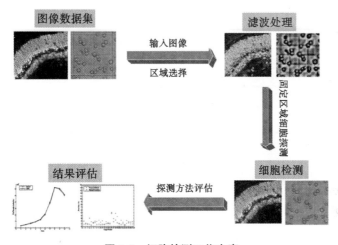

图 1-2 细胞检测工作方案

首先,获得待检测细胞的图像数据并进行预处理,用以获得所需质量的图像。随后对图像中的特殊区域进行人为划分,目的是为了更为精确的定位,此过程涉及的图像分割技术,并不是本部分的研究重点。接下来采用数字图像处理方法,将带有特殊区域的细胞图像进行诸如滤波等方式的处理,获得带有响应值的图像,从中筛选细胞关键点。最后将得到的关键点统计数量,并与人工标准进行比较获得错误率、生长曲线、计数差异等参数,从而评价该方法的效率及准确度。

1.3　神经元细胞检测与解剖结构重建研究现状

神经元细胞通过其复杂的形态和内部的连通性来实现生物大脑对高级感知功能的控制。对神经元细胞形态结构的深入研究,可以更深入地理解神经系统的生理功能及发育过程。随着显微镜技术及生物标记手段的进步,目前对神经元细胞的三维可视化的方法如下,首先对细胞进行荧光染料标记,随后借助荧光显微镜或者亮视野显微镜从不同视觉深度采集二维图形序列,最后将该图像序列构建为三维体数据对其进行数字重建。所谓的神经元细胞的数字重建就是将含有原始体素的三维图像转换成具有更高信息量的拓补结构和更高级的几何描述,如神经细胞骨架描述、神经细胞局部半径等。

1.3.1　神经元细胞重建发展简史

神经元细胞重建工作历史由来已久,Ramon Cajal 早在 1888 年便提出了第一个手工重建策略,此后,一代又一代的神经生物学家便致力于此项研究。然而随着显微镜技术的发展,人们可观测到的神经元结构越来越复杂,目前显微镜采集的复杂神经元细胞数据量可达 17 GB 之多,这样单纯手工绘制一个完整的神经元结构图往往需要几个月的时间,并且人工处理庞大的图像数据也成为限制因素之一,可见这种完全依赖于显微镜图像的传统的手工重建方式往往费时费力,而且很难达到后续实验所需的精度,因此,急需半自动或者自动的方法来辅助此类工作的进行。

近年来随着共聚焦荧光显微镜以及多光子显微镜的快速发展,基于 3D 图像序列的神经元细胞骨架重建,结构的拓补表示以及更为细致的细胞定量研究工作成为现实。研究取得了极大的进展,同时也开发出了很多软件系统。尽管如此,现在研究涉及的方法仍然存在很多不足,在算法的普适性上面有待进一步改进。其次,针对目前神经元细胞图像数据来说,一个实验室采集的数据不能用于其他实验室的研究,尤其是在成像策略不一致的时候,方法的可移植性比较差。从算法的处理能力角度考虑,其中处理多 GB 级图像数据的能力是限制目前算法研究的一个重要方面,也是世界范围内该领域科学家们的研究重点。

为了更有效地促进神经科学的研究,哈佛大学霍华休斯医学研究中心(Howard Hughes Medical Institute,HHMI)、Allen 脑研究所(Allen Brain

Institute)与美国国家健康委员会(NIH)联合发起了一个竞赛,即神经元轴突树突形态学数字重建竞赛(Digital Reconstruction of Axonal and Dendritic Morphology Challenge, Diadem Challenge),至今为止已研发出很多成型的算法。

1.3.2 神经元细胞重建研究现状

鉴于上文所述,开发高度自动化、智能化的神经元细胞三维重建策略对深入研究神经元细胞的解剖结构以及神经网络的机制有着非常重要的意义。然而,在这个领域的研究中,虽然现在已经存在大量的计算机辅助重建方法,但使用传统手工重建神经元的方式仍然占有很大的比重,这样就导致了该项工作对时间与人工的巨大消耗。

近年来随着显微镜平台技术多年来的快速发展,这个领域正经历着前所未有的变革,这些变革包括新的处理分析 3D 神经细胞图像序列的算法,计算机数字神经细胞几何拓补结构的重建,以及对神经细胞定量研究等等。从 Cohen 的研究小组创立第一个计算机辅助重建策略以来,已经有很多研究人员提出了不同的方法。尽管如此,目前所研发出的大量的算法及策略还是远远不能满足对处理多变、大量的神经元细胞数据的需求。更重要的是,大部分算法在实验室层面的移植性比较低,而且应用在一类神经元细胞上面的方法并不适合其他种类的细胞,另外一点就是在处理大批量数据的时候有很大的限制。自 2009 年 Diadem Challenge 提出之后,这使得神经细胞重建这一研究得以促进。简而言之,神经元细胞重建工作的发展历程有一个关键的时间,即 Diadem 提出的 2009 年前后。

在 Diadem 之前的时代中,神经元细胞重建方法可以分为以下几类:顺序追踪方式、骨架化方式、最小代价路径方式、最小生成树方式、基于活动轮廓模型的方式等。

(1)顺序追踪方式。此种方式基于神经突触的局部模型设计而成,该方法重建神经结构的模式是从一系列检测到的种子点开始。Aylward 与 Bullitt 提出了一个基于海森矩阵的嵴线准则来检测种子点,该方法是从最初的一个种子点开始,并沿着当前点局部海森矩阵的正切方向的正交平面来搜索下一个嵴点。

Al-Kofahi 等设计了一个类似的便利方法,与 Aylward 不同的是,Al-Kofahi 选择了一种比较简单的边缘检测取代特征值分析来引导后来的骨架结构遍历与半径估计。尽管此种方法非常细致地重建神经元结构,但是往往受到图像质量信息完整性的影响,比如在处理图像前景与背景之间的差异导致的断裂情况时,该方法并不能有效地提取出完整的结构,这便需要一些图像预处理及后处理方法填充此类区域来获得完整的信息。此外,如果神经细胞的数据量大于边缘检测可处理范围的话,此种方法就会受到极大的限制。

(2)骨架化方式。这种重建策略是由 He 等人在 2003 年提出的。骨架化方法首先采用 3D 去卷积的方式来克服点扩散函数带来的图像偏差,随后选择了 Cohen 的骨架重建方法来构建整个神经元解剖结构。这种方法基于 Cohen 的重建方法,区别是将重建策略应用在经过前处理得到的一系列离散的种子点上面,这些离散的种子点随后利用图论的方法分别表示成为神经突的分支点与端点,最后经过路径整合重建完整的解剖结构。He 的这种方法受限于神经元细胞的染色程度,在染色不充分的情况下往往很难取得理想的效果。此外,这种方法也经常受到图像噪声的影响而产生毛刺和轮廓泄露的现象,这样后处理的方法往往在重建策略中是一种必须的手段。近年来也有一些新的骨架化重建方式,但是对于现在数据的规模来说,这种方式由于计算机处理能力的限制而受到很大的制约。

(3)最小代价路径方式。Meijering 与 Peng 等分别在 2003 年和 2010 年提出了两种基于最小代价路径的重建方式,他们的方法有一个很大的计算优势,即只在人为固定的图像区域而不是整个图像范围内实现算法,这使得计算速度在有限的资源内得以最大限度的提高。这种算法通常分为两类,其中一类是以 Peng 为代表的方法,该类基于图像的局部特征和曲率规则来定义一个能量测量或者损失函数。在这里,通过以图像势能为权重的能量函数来定义两点之间的路径称为最短路径,也就是我们所熟悉的测地线,这个最短路径也就是最小损失成本的路径。Meijering 定义了一个基于像素 8 邻域峰线检测方法,其中最优路径的搜索是借助 Dijkstra 的最短路径算法来设计的。Peng 的方法提出了基于图论的一种测地线最短路径搜索的方式,最优路径的选取同样是基于 Dijkstra 的最短路径算法来设计的。另外一类基于管状物的最短路径搜索方法是根据 Benmansour 和 Cohen 的快速匹配算法来设计的。这类算法中的快速匹配过程与 Dijkstra's 的方法类似,需要设计一个到达时间面来确定最短路径。但是以这类最短路径算法来提取的骨架并不一定是管状物真正的中心线,因此还需后续的矫正或变换的方式来使获得的结果移至中心线位置。

(4)最小生成树方式。此种方法包括两个比较大的步骤,其一是关键点检测,另外一个是利用最小生成树的方式即树状表示来重建神经元骨架。此类方法中,Yuan 提出的 MDL-MTS 算法是首先定义一系列诸如鞍点、强度点和高曲率点等关键点开始,随后利用强度权重的 MST 用来链接这些关键点,最后最小描述长度的主曲线方法用来优化结构的复杂性,从而使结果更贴近真实情况。

(5)基于活动轮廓模型的方式。活动曲线模型在图像分割领域有着广泛的应用,由于方法的灵活性以及处理图像的可靠性,基于活动曲线的方式在整个神经元细胞解剖结构的重建工作中成为了最受关注的一类方法。自从 Schmitt 等提出了第一个基于活动曲线的重建方法后,便逐步衍生出很多基于活动曲线的不同形式的重建策略。Schmit 的方法就是把整个骨架曲线参数化为一个 4D 的点集合,其中每个点均由位置和该点所处位置神经元的半径两类参数决定,构成 4D 的概念,这样便把每个 4D 点称为"Snaxel",意为曲线体素。在模型整体能量泛函中,外部能量函数是由中线分量和中线偏移分量组成,此外,一些初始点、结束点以及分支点等关键的位置主要是由人工定义的。此模型提出之后,Vasilkoski 和 Stepanyants 设计了一种优化适应准则来矫正重建结果,并取得了很好的效果。

除上述现成的重建方法外,目前科研人员已经开发了非常多的自动或半自动的平台来完成重建过程中各个重要步骤,比如骨架追踪,结构可视化和重建后修正等。目前比较流行的工具有以下几种:Neuromantic,这个软件平台是一款免费的产品,提供自动和半自动神经元重建方式,这款软件在很多手工重建的工作中经常作为检测重建结构及编辑工具来使用。Simple Neurite Tracer 是一类半自动的重建工具,主要应用范围是针对 3D 的图像序列,而且需要研究人员手工标定起始与结束点,并且在有分差的情况时还需要手工标识出分岔点的位置,作为 ImageJ 的一个插件,这是一款在 2D 图像上面应用非常广泛的半自动软件。NeuronStudio 是一款比较庞大的软件,整合了如适应性阈值、骨架化以及 rayburst 采样算法等方法来构建的一个重建平台,该软件的流程首先用适应性阈值分割的方式将神经体与背景分隔开并且完成中轴提取,在经过分支点矫正后用骨架化重建的方式生成完整的解剖骨架,最后 rayburst 采样来估计神经突半径的形态,这种方法可以表示非圆型的神经突形态,从而为神经解剖分析提供更精准的重建结果。除了上述方式,Neuron Studio 还可以对神经棘的丛状结构进行分析,不过这是一款半自动的软件,需要人工标定一些 3D 的点,比如神经突树状结构的根节点等。V3D 是一个应用较广的图像处理平台,可以较为真实并快速的可视化大规模的图像序列数据,并且该平台为神经元重建提供了便捷的插件以方便神经元细胞的重建与后期的定量分析,但是该插件需要人工标记初始点与结束端点,中线提取采用最短路径连接点的方式来实现,此外还需要一些辅助的方法来搜索分支点以及融合点的信息。Reconstruct 是一款比较灵活的软件工具包,最初的设计是为了给神经解剖工作人员提供一个手工分割重建的平台,处理对象是光学显微镜采集的图像序列,这个工具包还在 Lu 等的工作中被用来重建神经突横截面的图像序列。AxonTracker 是专门为基于图像序列的神经纤维提取而设计的软件平台,提供了非常强大的 3D 可视化功能,但是在重建过程中很多关键点需要人工标识,而且需要手动连接分支结构才能形成完整的神经突骨架。

尽管开发了如此多的工具,但在神经解剖学家眼里,对于诸多相对比较复杂的轴突以及树突结构来说,目前开发的工具仍然不能满足普适性的需求,手工重建的方式仍然占有很大的比例,因此对神经元解剖结构重建的工作是一个延续不断的探索过程。

1.3.3 神经元细胞重建流程

针对各种神经元细胞轴突树突的重建流程的特点,研究人员目前已经开发出了比较完整的神经元重建流程(图 1-3)列出了神经元细胞重建的一般流程。

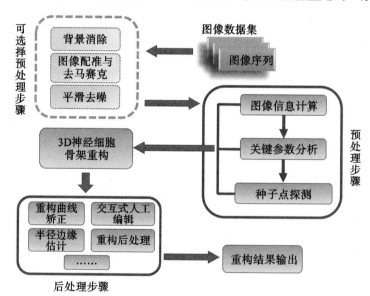

图 1-3 神经元细胞重建工作方案

如图 1-3 所示,目前大部分的神经元重建工作都遵循该工作流程。首先由细胞显微设备采集神经元突触的深度图像序列数据集作为处理对象,根据采集设备不同,用户可采取多种预处理方式对图像进行优化来满足后续处理的需求。由于不同的重建方式对图像数据不同参数的需求,在预处理步骤中,可根据选用的方法分别计算各类图像参数并进行种子点筛选。随后根据收集的种子点利用诸如主曲线、活动曲线、最小生成树等不同的方法对神经元细胞的骨架进行重建。在重建骨架后,还需要进行一些后处理,即对重建结果进行调整,在后处理中,准确估计的半径对后续仿真实验准确性提供了基础,因此半径估计这一步骤尤为重要。

1.4 收敛指数家族研究现状

在临床诊断应用及神经元重建中,种子点筛选部分在细胞检测中起着至关重要的作用。精确的细胞定位不但可以提高临床诊断的准确性,还可以提高自动显微图像分析工具的精度。目前对细胞显微图像分析方法的研究已经吸引了医学、生物化学、计算机科学及工程学等诸多学者的广泛关注。本书的研究内容是基于空间收敛指数设计细胞检测及神经元重建的各种方法,通过在不同显微镜视野下检测细胞个体来实现对细胞的计数工作,我们将从如下几个方面逐一分析国内外空间收敛指数的研究现状。

边缘检测问题在图像处理以及计算机视觉研究领域一直是一项基础而重要的工作,高效的边缘检测算法可以有助于后期的图像识别与分类工作,进而帮助人们对图像内容的理解。目前大部分算法都是基于待检测物体的边缘与背景的空间差异这一重要性来设计的。尽管有很多高效的边缘检测算法,但是当遇到背景与待检测物体的边缘对比度较弱的情况时,这些算法往往难以区分背景与物体之间的界限,比如在肿瘤的 X 光照片中,肿瘤区域的边缘与周围组织之间的边界非常模糊,然而在实际临床诊断中,这种边缘的区分对良性与恶性肿瘤的判断至关重要;同样,在高密度细胞图像以及荧光显微图像中,有效地区分出单独细胞个体对后续的实验分析也有很大帮助。目前许多传统的图像增强方法都可以解决此类问题,比如用高通滤波和统计差分等对图像进行离散卷积的方法,但是这些方法往往针对相对清晰边缘设计而成,对于模糊边缘的问题很难处理。

相比传统方法在边缘检测方面的劣势,收敛指数滤波家族便是直接针对增强图像中弱边缘的凸区域设计而成的。不同于传统图像增强的设计方式,整个收敛指数滤波家族是基于增强图像的梯度向量场来使得图像区域的中心及边缘得到较强的增强效果设计而成。整个收敛指数家族包括四个成员：钱币形滤波 CF（Coin Filter），莺尾花滤波 IF（Iris Filter），自适应环形滤波 ARF（Adaptive Ring Filter）和滑动带滤波 SBF（Sliding Band Filter）。整个收敛指数家族在不同的应用领域中均起着重要的作用，下面我们将逐一介绍。

1.4.1　收敛指数理论简述

整个收敛指数家族的设计都是基于数字图像向量场的收敛指数设计而成，下面我们将以数字图像的基本概念为基础引入收敛指数的定义。

定义一幅数字图像 $f(x,y)$，在图像中像素 (x,y) 处，分别定义图像的灰度强度值和梯度向量为 $\boldsymbol{I}(x,y)$ 和 $\boldsymbol{g}(x,y)$。在图像灰度梯度向量计算中，通常有两种方法，其一是分别求出图像在像素处的水平与垂直方向上的梯度来获得，其二是基于方向导数计算得来，本书中所采取的方法是前者。首先定义像素点 (x,y) 处的行、列向量分别为 $\boldsymbol{G_R}(x,y)$ 和 $\boldsymbol{G_C}(x,y)$，随后利用一个 3×3 的 Prewitt 算子来计算该点处在两个垂直方向上面的梯度向量，这样选择图像 $f(x,y)$ 在像素点 (x,y) 处的灰度梯度值及梯度方向分别定义如下。

定义 1：假定二维空间离散，在二维空间中定义一副图像 $f(x,y)$，取其中固定强度值的像素点 (x,y)，该点的梯度向量定义为

$$\left|\boldsymbol{g}(x,y)\right|=\sqrt{\boldsymbol{G_R}(x,y)^2+\boldsymbol{G_C}(x,y)^2} \tag{1-1}$$

式中，

$$\varphi(x,y)=\tan^{-1}\frac{\boldsymbol{G_C}(x,y)}{\boldsymbol{G_R}(x,y)} \tag{1-2}$$

$\varphi(x,y)$ 为梯度向量与坐标轴的夹角，收敛指数是描述一个感兴趣点周围像素的梯度向量向该点收敛的程度，这个收敛的程度一般用夹角的余弦值表示。这是在假定二维空间为离散空间的基础上定义出来的，这一点假设符合数字图像的离散像素的特性。

如图 1-4 所示，首先以坐标 (i,j) 为所感兴趣的像素 P 点为圆心，在其周围定义一个圆型区域 R，这个区域就是收敛指数的支持区域。

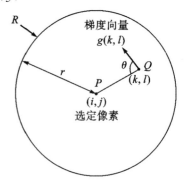

图 1-4　收敛指数示意图

在支持区域 R 中取另外任意一个点 Q,Q 对 P 点的相对坐标坐标定义为 (k,l)，如图角 $\theta(k,l)$ 为 Q 点梯度向量 $g(k,l)$ 的方向与线段 $\overline{PQ}$ 的夹角，随后定义 $\cos\theta(k,l)$ 即为在支持空间 R 中 Q 点关于 P 点的收敛指数，如公式(1-3)所示：

$$CI(i,j) = \frac{1}{M} \sum_{(k,l) \in R} \cos\theta(k,l) \tag{1-3}$$

式中，M 代表在支持区域 R 中所有像素点的个数，整个收敛指数的取值范围在 -1 和 $+1$ 之间。

1.4.2　收敛指数滤波家族成员

收敛指数滤波家族的 4 个成员之间因为其支持的空间不同而分别定义命名而成，如图 1-5 所示。

1. 钱币型滤波 CF(Coin Filter)

钱币型滤波器最初设计的目的是为了增强乳腺癌 X 光照片中的肿块区域而设计，空间收敛指数区域的简化形式，假定在以 P 点为中心的 R 形区域内，从 P 点释放出 N 条半径，整个的支持区域都是由各个径向的像素点组成，整个支持区域的定义如公式(1-4)

$$R = \bigcup_{i=0}^{N-1} L_i \tag{1-4}$$

在整个圆型区域中，第 i 个半径关于水平轴方向定义为 $2\pi i/N$，其中 $i=0,1,2,\cdots,N-1$。一般来说，数字图像中待增强的区域都是占据部分图像的位置，因此，在 N 足够大的情况下，用 N 条半径方向上面的收敛指数的均值可以代表整个 R 区域内的收敛指数，参照公式 1-3，钱币型滤波 CF 公式如下：

$$CI(x,y) = \frac{1}{N} \sum_{(k,l) \in N_i} \cos\theta(k,l) \tag{1-5}$$

式中，N 代表所有的半径条数，N_i 代表第 i 条半径上面的像素。

2. 莺尾花滤波 IF(Iris Filter)

简单地说，莺尾花滤波器 IF 的设计是用来检测数字图像局部高亮的滤波器，最早用来检测 CT 图像的组织区域，设计来源于钱币型滤波器，如图 1-5 的莺尾花滤波所示，其支持空间仍然是从像素点 P 释放出的 N 条半径，首先分别在每条半径上面计算该径向的最大收敛指数位置，计算方法如公式 1-6：

$$CI_i = \max_{0 < l < L} <\cos\theta(k,l)>_{Ri} \tag{1-6}$$

式中，R 代表莺尾花滤波的支持空间，R_i 代表每个径向，l 代表最大收敛指数的位置，L 代表支持区域的最大半径，随后根据径向收敛指数最大位置来划定莺尾花滤波的支持空间。莺尾花滤波器的公式如下：

$$\mathrm{IF}(x,y) = \frac{1}{N} \sum_{i=1}^{N} \mathrm{CI}_i(x,y) \tag{1-7}$$

3. 自适应环形滤波 ARF(Adaptive Ring Filter)

自适应环形滤波器的最初设计是为了提取肺癌 CT 图像的中肿块的阴影区，如图 1-5 所示，该滤波器的支持空间形状为一个宽度为 d 的圆环，在实际应用中，其支持空间仍然简化为从圆心释放的 N 条半径上面的环形区域。其计算公式如下：

$$\mathrm{ARF}(x,y) = \max_{0 \leqslant r \leqslant L-d} \frac{1}{N} \sum_{i=1}^{N} \mathrm{CI}_i \tag{1-8}$$

式中，CI_i 代表在划定的环形小区域 R_i 中的收敛指数，定义在第 i 个小区域中的第 j 个像素梯度向量与半径方向夹角定义为 θ_{ij}，那么上式中的 CI_i 即表示为

$$\mathrm{CI}_i = \frac{1}{d} \sum_{j=d+1}^{R} \cos\theta_{ij} \tag{1-9}$$

4. 滑动带滤波 SBF(Sliding Band Filter)

在收敛指数家族中，滑动带滤波器的应用最为广泛，最初滑动带滤波器是为了增强胸透 X 光照片的肿块区域而设计的。随后，Monica 等将 SBF 应用到拟南芥的根细胞荧光显微图像中，用于检测介导荧光基因表达的拟南芥根细胞分化情况，这是 SBF 方法首次用于细胞检测。Pedro Quelhas 于同年将 SBF 方法应用于癌细胞入侵实验，检测癌细胞入侵组织的位置及深度，对统计癌细胞的入侵状态起到了较为理想的作用。2010 年 Pedro Quelhas 的小组在之前研究基础上提出了一种基于 SBF 的细胞图像分割算法，该方法将 SBF 的梯度向量收敛方式整合入活动轮廓模型中，并分别定义内部和外部函数，在果蝇的卵巢细胞数据集上面得到了满意的结果，这是将 SBF 方法首次应用于细胞图像分割。该方法的支持空间与 ARF 类似，主要是在各个径向寻找收敛指数极大值点，随后以极大值点为中心选择宽度为 d 的等宽区域为其支持空间，由于数字图像中各个被增强区域中收敛方式不固定，所以在 SBF 的支持空间中各个半径方向的极大值点需要自适应地调整，直观上给人感觉其支持空间为在径向上滑动的不规则环形带，该方法由此得名。其计算公式如下：

$$\mathrm{SBF}(x, y) = \frac{1}{N} \sum_{i=0}^{N-1} \left(\max_{R\min \leqslant n \leqslant R\max} \left(\frac{1}{d} \sum_{m=n}^{n+d} \cos\theta_{i,m} \right) \right) \tag{1-10}$$

式中, N 代表由点 (x, y) 释放出的半径个数, d 代表滑动带的宽度, $\theta_{i,m}$ 代表在点 (i, m) 处梯度向量的方向与该点和 (x, y) 连线的夹角。$R_{\min}$ 和 $R_{\max}$ 代表人为定义的最大及最小半径,其模式图如图 1-5 所示。与 ARF 和 IF 相比,SBF 的检测效果要明显高于前两者,并且可以部分抑制由显微镜等成像设备产生的噪声以及模糊聚焦情况,目前在收敛指数家族中,SBF 的应用最为广泛,并在细胞检测领域有极大的发展空间。

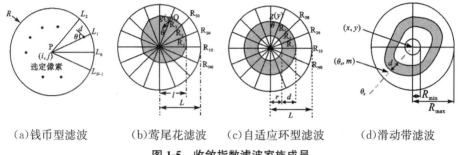

(a)钱币型滤波   (b)莺尾花滤波   (c)自适应环型滤波   (d)滑动带滤波

图 1-5 收敛指数滤波家族成员

综上所述,在收敛指数滤波家族中,各个成员在处理 2D 显微图像、2D-CT 及 X 光图像上面有广泛的应用并取得较为理想的效果。2006 年,Kobatake 等人将 2D-ARF 和 2D-IF 两种滤波器扩展至 3 维空间,并成功应用在三维凸形体和管状体的数据上面。由于扩展到 3D 后算法的计算量较大,计算时间相应的增加,使得研究高效的并行计算策略成为当前需要解决的问题之一,截至目前仍然没有关于 3D-SBF 的应用研究报道。

1.5 病理自动诊断研究现状

乳腺癌是女性常见的恶性肿瘤疾病,其发病率居女性恶性肿瘤的首位,北美和北欧大多数国家是女性乳腺癌的高发区。近年来我国的乳腺癌的发病率也呈明显增高趋势,尤其沪、京、津及沿海地区。

目前,乳腺癌的确诊方式主要依靠组织病理切片分析,该过程是将从活体取出的乳腺或淋巴组织经过 H&E 染色固定后获得的实验样本,在显微镜下对切片的分析是临床诊断过程中的一个关键步骤,病理切片中包含了疾病及其预后的许多基本数据信息,通过这些数据在临床常规诊断的同时建立疾病的量化模型,为疾病预测与病情发展状况分析提供依据。目前,大部分临床医院对组织病理分析工作完全依靠人工方式,来发现病变区域位置及统计相应数据来量化病情,这种方式耗费了医生极大的精力和时间,而且在不同水平的医生之间或同一医生在不同劳动强度下对疾病的判断也会产生较大的差异,这极大地影响了乳腺癌的诊断结果。

随着计算机视觉技术与存储技术的快速发展,研究人员已经在医学影像领域提出了很多基于图像分析、辅助诊断工具,例如自动并且高效地完成一些常规的病理图像分析任务,或对一个肿瘤组织精确地给出定位或病理等级,等等。此外,通过计算机视觉方法进行检测,可以为疾病的预测和治疗建立更为精确的量化模型,也为精准医疗体系的建立奠定基础。

从科学研究的角度来说,基因表达这类分子水平的变化通常直观地反映在解剖结构与血管分布改变的表象上面,常规的 CT 和 MRI 监测是在宏观器官解剖结构水平对疾病的评估,而数字病理切片的细节往往体现了疾病在细胞水平的变化,精准的数字病理切片分析可以将各类"组学"数据和医学影像数据联系起来,在从微观到宏观的不同尺度上面对疾病进行精准的评估与预测。近年来病理全切片扫描技术使得大量的组织病理切片已经实现了数字化存储,这为医疗诊断、临床教学及远程医疗领域提供了巨大的学习资源,同时也为计算机视觉的研究人员提供了一类新型的大数据。虽然在传统医学病理图像分析上面已经取得了一定的成果,但是这类方法并不能处理高分辨率的全扫描病理切片图像大数据,因此急需开发新的、更为高效的病理切片分析方法。

数字病理全扫描切片可以对组织细胞病理从多个尺度进行分析,随着一系列的开源病理图像数据库的产生,已经催生了大量的病理分析相关算法和应用,也给计算机视觉领域的科学工作者乃至临床医生们提出了诸多挑战。其一,大多数用于图像分割和病变异常检测模型的训练过程均需要大量的人工标注的数据,而这些标注数据的要求之一就是有清晰的边界,这使制备训练数据变得异常繁重,而且在常规诊断过程中,病变区域边界往往是模糊的,很难筛选到合适的样本,所以需要对这样的样本找到更具有鲁棒性的特征和相应的图像处理方法。其二,构建具有完善标注的开源数据集工作量巨大并且需要多个专家协同合作,使这一工作受到很多限制。完善的医学图像训练数据集需要覆盖各类病变情况,但现实中很难在较短时间内收集足够数量的样本。所以,人工生成的数据样本往往也可以对训练数据集实现一个补充。此外,基于深度学习技术的发展及其在病理诊断领域的应用现状,从模型和数据的两个角度构建完整的分析方法也是一项具有挑战性的研究任务。

数字病理切片从切片水平到细胞水平的多水平分析可以为医生提供更为详细的患者病变的状况及获得预后的信息,常规的分析指标有病变位置、病变区域大小、病变区域内细胞数量和处于有丝分裂期细胞的分布等。近年来虽然已提出一些辅助诊断的方法,但大部分是基于临床医生严格标记的数据而开发的,在训练数据制备过程中,对于癌病变区域的标注是非常繁重和极具挑战的工作。因此,高效、精确的自动标注方法可以极大改善医生的工作效率。此外,精细的细胞结构可以充分反映出细胞内部分子活动状态的相关信息,从图像中提取出细胞内部特征信息来分析相应细胞状态,对建立基于图像的肿瘤辅助诊断系统至关重要。

近年来,国内很多高校与科研院所在数字病理学领域均开展了广泛的研究,如北京大学、清华大学、哈尔滨工业大学、华中科技大学、浙江大学、北京航空航天大学、南京理工大学等,均取得了重要成果与进展。在国际上,也有诸多开源数据集以及与此相关的诸多比赛,从而有大量团队在数字病理分析相关领域的研究中做出突出贡献,催生了很多优秀的算法、论文,主要包括病变组织的探测与分割、病理图像自动标注以及细胞的计数与分割方面的研究。但是,由于数据在获取途径的不同以及规模的限制,各类的算法应用范围较小,并没有一种通用的方法出现。

目前,针对乳腺癌全扫描切片医学自动诊断方面,最先进的算法当属深度学习算法,以 AlexNet,GoogLeNet,VGG 等一大批在自然图像上表现优异的深度学习模型被迁移到医学图像处理上来,并且取得了非常优异的成绩。

1.6　基于病变区域图像特征的数据扩增与虚拟病例

截至 2013 年,数字病理在整个医疗市场的份额已经占到 25 亿美金,而且这个数字到 2018 年会有 11.8% 的增幅。数字病理全切片技术改变了传统病理诊断方式,也为基于图像的数字病理分析提供了更精细的数据,使计算机视觉研究人员可以实现更为高效的病理图像分析算法来提取精确的细胞水平图像信息。病理图像分析算法的训练及验证需要非常客观的数据作为支撑,这需要专业人员进行大量的人工标定,但这些工作费时费力而且主观性较强。近年来随着深度学习技术在医学领域的应用,海量标定数据作为训练的需求越加明显,但是由于工作量巨大,很难人工提供较为全面而且足够的数据作为训练依据,因此人工合成一些"病理区域"来对算法进行训练或验证倍受关注。

医学图像病变区域生成即依据正常的组织图像来生成带有病理特征的变异组织区域,可以根据输入图像的特点进行相应的填充,比如填充病变区域、补充训练数据缺失、对原始图像超分辨率处理和对染色剂量的增减等。在早期图像生成领域大多是基于物理驱动的模型、多项式混合模型和混合直方图等,随后便出现了一系列基于数据驱动的多模态图像数据生成方法,但是这些方法合成效率较低,并且合成效果上面容易出现间断区域或噪声,对真实数据的验证带来诸多不便。面对这类问题,基于低秩和稀疏的方法可以在一定程度上面减少计算的复杂度,基于集成学习和神经网络的方法虽然取得了不错的结果,但是仍然集中在局部区域或像素的尺度。Vasileios 等提出了基于深度编码—解码网络的全图像合成方法,可以在图像水平对 MRI 的病理区域进行生成,而且计算复杂度较低,并且取得的结果与局部区域或像素水平的方法接近。

随着深度学习技术的应用及推广,尤其是 CNN 在图像预测方面的进展,基于卷积网络的图像生成方法层出不穷,但针对具体目标优化 CNN 的损失函数仍然是一个开放性问题,通常需要域知识作为支撑,但损失函数优化问题仍然是困扰结果的重要因素。针对这一问题,生成对抗网络(GANs, Generative Adversarial Networks)可以较为清晰地区分生成对象质量,在训练网络同时优化损失函数,从而使得生成图像的歧义性降低。自从 GANs 模型提出后,研究人员进行了广泛的研究,然而早期应用并没有关注图像到图像的翻译,Philip 等提出基于条件 GANs 的图像翻译框架,在仅有 400 幅图像的训练数据集上实现了基于分割结果的图像生成,成为图像生成领域又一关注焦点。目前在医学图像生成领域已有基于 GAN 图像生成的工作报道。该方向的应用已经逐渐受到人们关注。

1.7　病理图像细胞水平检测和计数方法

数字全切片扫描技术促进了量化组织形态分析的发展,依托 H&E 切片成像技术可以对细胞核的朝向、纹理、形态和结构等信息进行更加细致的分析。低水平图像处理中最为流行的方法是活动轮廓模型,结合在病理切片中细胞核与周边结构的染色差异与其先验形态,Fatakdawala 和 Glotsos 的团队分别提出了基于该模型的 H&E 染色显微图像中细胞核分割方法。

Elston 和 Ellis 分级系统是癌症病理临床诊断的一项重要分级的指标,在基于病理图像的癌症分级检测过程中,从切片水平获得病变区域后,对其内部的细胞进行探测和计数来衡量癌症等级,癌变区域在细胞水平明显的特征就是该区域的细胞处在有丝分裂期,位于细胞内部的特征可以反映细胞内部分子形态的变化,随着多尺度成像和全切片扫描技术的进步,在计算机辅助病理诊断系统中,对细胞/细胞核的探测与分割成为一项非常重要的工作。尽管如此,在显微镜下采集的组织病理图像往往带有极大的背景噪声、混杂细胞、脉管等背景、拍摄时人为造成的模糊、照明不均衡等等对细胞的探测造成极大的干扰,细胞自身的大小、形态、纹理、染色强度等均有很大的影响,此外,细胞之间的存在形式往往以交叠、串联等情况存在,因此实现自动的细胞探测与分割极具挑战,目前虽然有一些自动探测和分割细胞的系统,但仅局限在某个细胞的类别上,并且大部分细胞分割算法是建立在细胞探测结果基础之上,而且并没有做进一步的特异性量化分析。

在细胞检测方面,传统图像处理的方法诸如基于像素/体素的 Distance Transform 方法、基于形态学运算的 H-minima/H-maxima Transform 方法、基于 LoG 滤波方法、基于 Sliding Band Filter 方法、基于 MSER Detector 方法、基于 Hough transform 方法和基于 Radial symmetry transform 方法等,其中基于 LoG 滤波的方法最为常用,基于 Sliding Band Filter 方法在 UCSB 的 41 retinal images 数据集上面获得了较高的探测精度,Dong 等提出的基于修饰 Sliding Band Filter 滤波方法在明亮视野细胞探测与计数方面也获得了低于 4% 的错误率。近年来基于监督学习方法对病理图像这类高信息量图像的分析受到广泛关注,该类方法将细胞分割问题转化为像素/亚像素级别的分类问题,大多均是基于 SVM 和随机森林。

同时,很多细胞检测方法是基于分割的基础上进行的,在细胞分割方面,主要有依据细胞背景和前景特征、细胞核 DNA 染色区纹理特征的分割策略,包括:基于全局的分割策略,首先划分细胞区与背景区,随后分割细胞区内部的各个细胞体;基于探测的细胞分割方法首先获得各个细胞的位置,随后扩展到细胞体的边缘;基于区域选择策略首先获得一系列候选区域,最后择优选择作为最终分割结果。目前大部分细胞分割都遵循上述策略实现,其中分割的方法有:基于强度阈值、基于形态学运算、基于分水岭算法、基于可变轮廓模型、基于聚类、基于图割算法和基于监督学习的算法。此外,对多类荧光标记的细胞多模态成像的数据则采用多种方法的组合来获得比较满意的结果。

近年来随着深度学习技术特别是 CNN 模型在目标检测和分割方面应用广泛,基于 CNN 的方法近年连续在 MICCIA 的病理全切片癌症识别挑战赛中取得了最好的成绩,Ciregan 等基于 CNN 的概率图加后处理实现了乳腺癌病理图像有丝分裂细胞检测,借助非极大值抑制提升最终探测细胞中心位置。Dong 等提出一个 9 层的 CNN 并基于图像的 YUV 色彩空间信息,对斑马鱼细胞探测的方法,对应用范围进行了拓展。Mao 等提出一个基于 7 层 CNN 的探测方法,并实现针对圆型肿瘤细胞的不同模态显微图像的探测。Liu 和 Yang 将细胞探测转化为优化问题,并实现了神经细胞和肺癌细胞核的探测。全切片技术可以对细胞进行多尺度成像,Song 等针对此类细胞图像提出了一个多尺度 CNN 框架来实现了对细胞的多尺度交叉探测。虽然 CNN 对细胞探测和分割的效率有很大的改善,但是现有处理高通量数据和多种类型细胞结构的细胞图像时显得明显不足,随着病理图像数据量的增大及全切片技术的发展,结合手工特征和 CNN 特征的方法将结合双方的优势,为特定病理图像多尺度分析提供基础。

现在最先进的做法是将传统的 CNN 模型中最后一层转化成反卷积层,即构造出全卷积网络(FCN),由此可以得到原始图像的密度图,也叫热力图,这个图可以显式地表达出关注区域的位置和形态,在此基础上进行进一步地分析处理可以比原始图像更加便捷容易。

综上所述,传统的基于核检测和基于分水岭等分割算法的细胞检测实现算法只能适应指定类型的细胞进行检测,而无法通用到其他不同细胞的检测上去,而现实中细胞种类多样,而且同一种细胞也可能有不一样的形态,所以,我们希望能够找到一种更有泛化能力而且更加通用的特征对细胞进行识别和检测。CNN 框架作为一个通用多维空间的特征提取算法被引入到病理图像的检测中来,目前人们往往将 CNN 转化为 FCN 得到密度图,在该图的基础上,可以进一步做实例分割和特征分析。

1.8 病理图像切片水平检测与分割方法

传统的病理切片水平的检测和分割主要依托于设计良好的特征检测器和检测模型,Xu 等基于活动轮廓模型提出一种单个腺体的分割方法,并成功应用在前列腺癌的检测中。Beck 等提出了一类基质特异性的特征,通过上皮和基质组织区域来检测癌症浸润淋巴的过程,并将其应用在癌症预后的检测中。Linder 等提出构建基于 LBPs(Local Binary Patterns)的纹理特征方法实现基质与上皮部分的分割,并成功应用在组织微阵列图像的分割中。这些检测算法在单一的图像上有相对较好的表现,但是无法自适应地用于其他图像的检测和分割中去,泛化能力不足。

随着机器学习的发展,传统机器学习方法也被引入癌症检测中来,用以构建癌症病理分类及分级系统,这些方法都是基于图像特征的设计,例如不规则特征,纹理特征以及目标级的特征等在监督学习领域已经得到了广泛的应用,然而这些方法所要求的训练数据均是人工标注,而且获得标注数据的过程需要消耗大量的人力物力,同时人工操作也带有很多不确定的错误因素。这种情况也给病理医生和计算机视觉研究人员在癌症组织分割、分类等工作方面带来了很大的障碍。

近年来,深度学习技术也在医学领域应用逐渐增多,基于端到端的非监督特征生成框架可以获得非常高的识别精度,同时并不需要复杂的域知识作为支撑。Sirinukunwattana 等提出一种基于局部敏感的深度神经网络方法实现了常规结肠癌病理图像中细胞核的探测与分割,此外,深度学习框架的提出极大提高了针对癌症病理图像中有丝分裂细胞检测的精度,也给数字病理学的研究人员提出了新的挑战。虽然深度学习在识别精度上有其不可比拟的优势,但需要大量训练数据作为支撑,而且生成与医生的直觉无关的特征从而很难对特征进行选择和进一步分析。针对此类问题,Wang 等提出的混合特征方法结合了 CNN 和域相关特征的优势,成功地应用在有丝分裂细胞探测中。

在全扫描乳腺癌数据上,大量深度学习算法被运用到检测中去,主要是在切片水平上,深度特征具有更好的表达能力,在传统图像检测中表现优异的算法都被迁移到医学图像上来做检测,比如 AlexNet,GoogLeNet,VGG 等算法。由于医学图像在特征空间中所包含的信息普遍少于自然图像,所以往往在医学图像上，这些算法的表现比在自然图像上还优异。

此外，深度学习算法还在可变尺度的凸显检测与分割中体现作用，比如多层卷积神经网络（MCNN），这个网络将图像金字塔的不同层级的特征进行深度提取后进行汇总，得到一个关联全局信息和局部信息的密度图。MCNN 网络用了不同的 CNN 网络进行堆叠，每一个网络通过不同卷积核大小对于原始图像进行特征提取，这样提取的信息本身就具有不同的尺度，大的核对全局的信息更加敏感，而小核对本地的信息更加敏感，不同的卷积网络在最后进行合并，组成一个特征图的集合，然后对于这个特征图集合进行 1×1 卷积操作得到最终的概率图，这样的概率图因为即考虑了全局的信息又考虑了局部的信息，所以对于所有原图中我们想关注的内容都能有一个比较好的体现。

深度学习的另外一个重要成员是全卷积网络 FCN，这个网络是通过改进 CNN，将原始 CNN 的最后一层从全连接层改成反卷积层，这样就能够将原始网络卷积后的信息再进行升维，更好地得到概率密度图，一般来说都是得到和原图一样大小的。全卷积网络能够比较快速高效且直观地得到概率图，对于医学图像来说，概率图能够很好地表征一些具有医学意义的区域。全卷积网络在自然图像中主要用在语义分割上，所以在医学图像上，这个方面同样适用，对于在病理图像上进行组织切分，区域分割有着很好的效果，当然在概率密度图上我们还能够得到其他有意义的医学数据。

综上所述，传统的非学习算法和方法具有局限性，无法泛化到绝大多数病理图像。而学习算法具有泛化能力，但是对高维大数据的处理能力还是有限的。而深度学习技术在自然图像应用相对成熟，医学图像目前在相对共通的领域，比如图像特征提取、图像分割等方面有着不俗的表现。

1.9 Camlyon 乳腺癌淋巴转移病理数据集

1.9.1 病理图像来源

Camlyon 乳腺癌淋巴转移病理数据集是为一项公开挑战赛而准备的数据集，该挑战赛的目标是评估新颖的和现有的算法，以用于自动检测由苏木素和曙红（H&E）染色的淋巴转移全切片病理图像。这项任务具有很高的临床意义，但是需要耗费病理医生大量的时间来进行人工阅读。因此，一个有效的计算机视觉自动检测方案可以减少病理医生的工作量,同时提高诊断的客观性。数字病理学是医学图像中的一项快速发展的新领域。在数字病理学中,全切片扫描仪用于将含有组织标本的载玻片数字化,每像素高达 160 nm。数字图像的可用性已经引起了医学图像处理界的极大兴趣,关于组织病理学图像分析的论文近年来也层出不穷。

　　淋巴转移的自动检测有着极大的潜力,来帮助病理医生进行诊断并减轻其工作量。近年来该领域深度学习技术的帮助下,已经向着完全自动分析全切片病理图像以检测癌症、预测预后和识别转移的目标迈进。Camlyon 挑战赛是在组织病理学中使用全切片病理图像的第一个挑战赛,其目标是使用科学的方法开发算法,用以检测淋巴图像中的癌转移,提高诊断水平,减轻病理医生工作量。

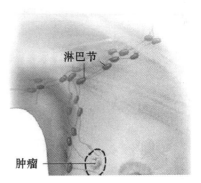

　　该挑战重点关注的是淋巴结数字图像中癌细胞转移的检测任务。许多癌症类型,如乳腺癌、前列腺癌、结肠癌等都有淋巴结转移。淋巴是通过淋巴系统循环的液体,淋巴结是过滤淋巴的腺体。如图 1-6 所示,腋下淋巴结是乳腺癌可能转移传播的第一个位置。淋巴结转移是乳腺癌中最重要的预后指标之一,当癌细胞扩散到淋巴结时,说明预后较差。然而,通过病理学家人工进行诊断,程序冗长并且费时,容易导致误诊耽误病情。

图 1-6　乳腺癌淋巴转移示意图

　　其中,Camlyon16 数据由荷兰内梅亨大学医学中心和荷兰乌得勒支大学医学中心提供,包含训练集中 110 张癌症全切片和 160 张正常全切片,以及测试集中 130 张全切片。以上所有全切片中凡是带有癌症区域的,均对应有一个 XML 标注文件和一个 MASK 标注文件,标注有癌症区域位置信息。

　　Camlyon16 挑战赛吸引了包括哈佛医学院、麻省理工学院医学院、香港中文大学等科研机构在内的 390 名研究人员报名参加,并最终有 23 支队伍提交了结果,并在医学图像处理领域的著名国际学术会议 ISBI2016 上开展了研讨会。

　　Camlyon17 数据由荷兰的五个医学中心提供,包含有训练集中 500 张全切片和测试集中 500 张全切片,带有每个全切片类型标注文件,其中训练集中有 50 张癌症全切片对应有 XML 标注文件和 MASK 标注文件,标注有癌症区域位置信息。

1.9.2　病理图像特点

病理图像与自然图像存在着很多不同之处,在使用计算机视觉和深度学习方法对病理图像进行处理和识别时,需要根据这些不同的特点作适当的调整,不可以将病理图像等同于自然图像直接进行操作。概括来说,病理图像具有以细胞为基本元素、高分辨率、前背景区分明显等特点。

1. 以细胞为基本元素

在一张自然图像中,包括有若干个不同的目标,每个目标都具有特定的特征;而在一张病理全切片图像中,其基本组成元素是三类细胞:正常淋巴细胞、癌变淋巴细胞和其他组织细胞。在此可以将其他组织细胞忽略,为叙述简便,本书将正常淋巴细胞和癌变淋巴细胞简称为正常细胞和癌症细胞。

正常细胞与癌症细胞在形态结构上具有各自鲜明的特征。正常细胞是分化完成的成熟细胞,不再进行有丝分裂,故而在染色后,染色体是紧密连接在一起的。如图 1-7 的左图所示,为正常细胞,体现在图像上,正常细胞具有体积较小、染色部分色彩浓厚、紧实的特点。

而癌症细胞由于癌变而重新开始有丝分裂过程,故而在染色后,染色体分散在细胞内部。如图 1-7 的右图所示,为癌症细胞,体现在图像上,癌症细胞具有体积较大、染色部分色彩淡薄、发散的特点。

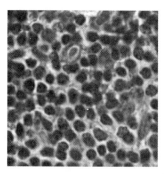 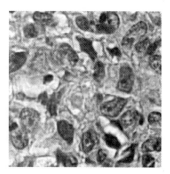

图 1-7　正常细胞(左)与癌症细胞(右)

病理图像以细胞为基本元素的特点,减少了识别目标种类的数量和同类目标之间的差异性。整个图像是由成千上万个小元素组合而成的,可以通过对小元素的识别来获得整个图像的识别信息;同时,由于每个区域是由相同的小元素构成的,使不同小元素构成的区域在形态结构上是不同的,因此可以通过对区域的检测来确定其中小元素的类型。具体来说,就是可以先通过整体区域的检测来判定是否存在癌症细胞,再通过细节上的识别确定整幅图像中癌症细胞的分布情况。

2. 高分辨率

由于每张病理图像中包含有成千上万个细胞,而医生在查看病理图像时需要观察到细胞的内部结构,从而进行诊断,对细胞的清晰度有一定要求。因此,病理图像具有很高的分辨率,每张全切片的分辨率在 10 万×20 万的数量级,而自然图像只有约 1 000×1 000 数量级的分辨率,自然图像上应用成功的算法是不可以直接拿到病理图像上进行使用的,需要对数据和算法进行处理。

高分辨率有一个好处,即增加了数据量。在自然图像中,每幅图都需要进行一次标注,得到一个训练样本;而在病理图像中,一整幅图像需要进行一次标注,但是在切割、放缩后,可以得到较多的切片训练样本。医疗数据的标注成本较高,而病理图像的这一特性可以降低标注需求量。本书使用的带有标注的原始全切片图像只有约 300 幅,但是基于这些标注数据可以根据需要产生出上万个训练数据,使得深度学习算法的运用成为可能。

3. 前背景区分明显

病理图像是将组织切片涂抹在玻璃片上,然后放到显微镜下扫描而得到的。组织切片部分由于被染色剂染色,在图像上表现为高饱和度的紫色;玻璃片上的其他部分的主要成分是水,在图像上表现为低饱和度的白色。

因病理全扫描图像中前景与背景区分明显,提供了通过饱和度进行阈值分割的可行性,该方法思路简单,运算速度较快,可以高效地对前背景进行划分,从而提取出前景部分,为下一步识别提供帮助。

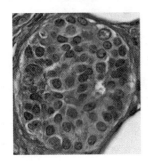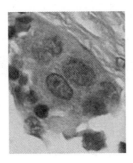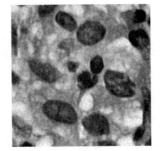

图 1-8 ITC 类型区域

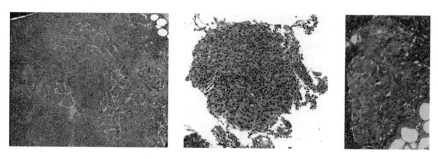

图 1-9　Micro 类型区域

图 1-10　Macro 类型区域

1.10　病理图像全切片类型

1.10.1　区域类型

在乳腺癌淋巴转移病理图像中,根据癌症区域最长轴的长度和内部癌细胞数量,可将其分为四种类型:Normal,ITC,Micro,Macro。其中 Normal 为正常,即不存在癌症区域;如图 1-8 所示,ITC 为零星分布、数个癌细胞聚集而成的小型病灶,一般存在于发生癌症转移的早期,正常人体中也偶尔存在;如图 1-9 所示,Micro 为小面积癌症区域,一般存在于发生癌症转移的中期;如图 1-10 所示,Macro 为大面积癌症区域,一般存在于发生癌症转移的晚期。

如表 1-1 所列,为四种类型癌症区域分类阈值。其中实际尺寸表示癌症区域最长轴实际长度,单位是毫米(mm);细胞个数表示区域内癌细胞的数量,不包括正常细胞,单位为个;图像长度表示实际尺寸在图像上对应的像素长度,单位为 pixel,其中,在此实际尺寸对应的是 level-0 下的像素长度。

Normal 为正常,实际尺寸、细胞数量、图像长度均为 0;ITC 实际尺寸为 0~0.2 mm,细胞数量小于 200 个,对应图像长度为 0~850;Micro 实际尺寸为

0.2~2 mm,细胞数量大于 200 个,对应图像长度为 850~8 500;Macro 实际尺寸大于 2 mm,由于区域较大且位于晚期,内部都是癌细胞,故数量远大于 200,并且不再作为分类阈值的参考指标,对应图像长度大于 8 500。

表 1-1　四种类型癌症区域分类阈值

	实际尺寸(mm)	细胞数量(个)	图像长度(pixel)
Normal	0	0	0
ITC	0~0.2	<200	0~850
Micro	0.2~2	>200	850~8 500
Macro	>2	远大于 200	>8 500

带有癌细胞的三种类型在数值上有明确的分类阈值,但是在实际中由于癌症区域形态不规则、癌细胞多发不连续等,并不存在如此精确的界限。但是在此为了问题的简化和代码的编写,在程序中将按照上述标准进行划分。

1.10.2　全扫描切片分型

病理图像类型是在按照病理学中 TNM 分级系统进行划分的。TNM 分级系统是目前国际上最为通用的肿瘤分期系统,按照肿瘤原发灶、区域淋巴结和远端转移的不同癌症区域大小情况对肿瘤进行分期。

在病理图像识别任务中,最大区域的检测结果占据主要位置,并作为该病理图像全切片类型,相对较小区域则对最终结果影响较小。即不存在任何癌症区域时,该全切片类型为 Negative;只存在 ITC 时,该全切片类型为 ITC;存在 Micro 而不存在 Macro 时,无论是否存在 ITC,该全切片类型即为 Micro;存在 Macro 时,无论是否存在 ITC 和 Micro,该全切片类型即为 Macro。

第 2 章　基于滑动带滤波的
高密度细胞检测与计数

2.1　引言

在发育生物学与病理学研究领域中,细胞数量的增加与丢失是非常重要的生物学事件。从组织病理学切片中对细胞与细胞核的准确计数,可以为生物细胞、组织以及器官的研究提供定量化的信息。例如,神经细胞的数量是决定大脑功能的一个基本的单位,视网膜外膜层中感光细胞的数量可以反映出视网膜视觉功能的强弱,等等。随着生物技术的进步,虽然人们在检测细胞、蛋白表达水平方面的研究不断地取得进展,但是在针对细胞计数这一领域的研究中所取得的成果则非常有限,以至于在组织切片中计算细胞的密度这一工作变得十分棘手。就研究的严谨性来说,针对组织切片细胞计数的错误率要严格控制在10%以内才能满足后续分析,但是目前针对组织切片细胞计数的结果远远没有达到这个要求,因此,只有一些带有生物标记和明显的生理变化的组织可以供研究人员分析。目前也有一些基于细胞数量的分析方式,但是大多数这种方法仍然需要人工计数,而且这种工作方式无论对于 2D 或者 3D 的图像来说都是异常繁重,工作人员需要耗费很多的时间与精力,并且最终在几次计数结果上面有很大的差别。因此,急需高精度和高可靠性的自动或半自动方法来辅助该工作的进行。

近年来随着数字图像技术的发展,研究人员已经开发了很多基于图像的细胞核检测与分割方法来解决细胞计数问题。经过多年的发展,虽然已经有很多针对细胞显微图像的自动或者半自动计数方法,但是这些方法往往只针对单一种类细胞,而且对其他类型荧光染色的细胞没有很好的扩展性,这便极大地限制了该类方法的应用范围。

总的来说,传统细胞检测器都是基于图像分割方法如图像阈值、分水岭算法和形态学等设计的,这些方法在一定程度上有各自的优势,但是显微镜采集来的细胞图像往往受到诸如设备的点扩散函数、照明不均衡以及对焦不准确等因素影响,这就降低了细胞检测的精度。另外,针对较高密度细胞的检测上,上述方法往往不能通过图像分割的方式达到准确计数的目标。本章主要针对视网膜切片中外膜层的高密度细胞检测及计数方法进行研究,提出一种基于滑动带滤波器的高密度细胞计数策略,通过在不同类型的细胞计数工作中的应用来证明该方法的高精度与可拓展性等特点。

2.2　DNA 染料与视网膜感光细胞

2.2.1　DNA 染料

DNA 染料又叫核酸探针,是一类专门针对 DNA 进行染色的荧光染料,可以在不同的激发光波长下发射出不同颜色的光,用以区分不同的标记物,是研究核酸时最常用的示踪工具之一。目前,市面上有很多种适合不同实验的核酸探针,本小节主要介绍与所用数据集有关的两种。

2.2.1.1　TO-PRO-3

TO-PRO-3 是一种羰花青单体核酸染色剂,其分子结构如图 2-1 所示,作为核复染剂和死亡细胞指示物,有着非常广泛的应用,此外,这种染料还是核酸检测灵敏度最高的探针之一。TO-PRO-3 染料的重要特征主要包括以下几个方面:①对 dsDNA(双链 DNA)的检测灵敏度高;②可作为流式细胞仪和荧光显微镜的最佳选择;③长波长荧光能很好地与绿色和红色荧光区分开;④细胞不可渗透。

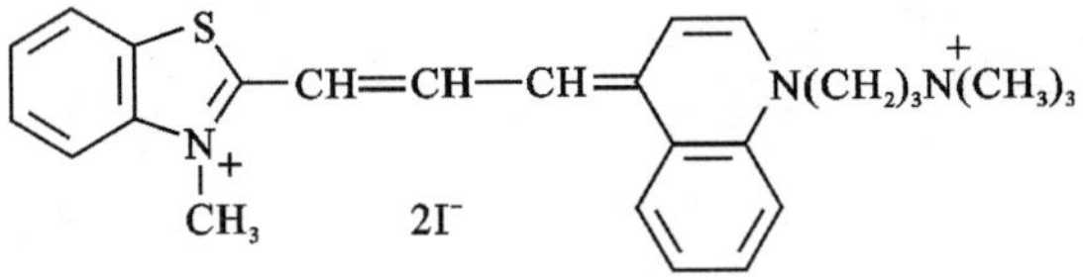

图 2-1　TO-PRO-3 分子结构

由于 TO-PRO-3 的低背景和高亮荧光的特征,和其他的单体菁染料有广泛的应用,包括核酸染色,凝胶或毛细管电泳样品的预染色,复合标记实验中的活性检测和复染色等。

2.2.1.2　Hoechst 33342

Hoechst 染料是一类用于 DNA 染色的蓝色荧光染料,根据 R 基不同,Hoechst 一共有三类,其中 33342 的应用最为广泛,其分子结构如图 2-2 所示。

Hoechst 33342 是一种可以穿透细胞膜的蓝色荧光染料,对细胞毒性较低,这种染料通常用于细胞凋亡检测,染色后用荧光显微镜或者流式细胞仪对细胞进行观察。也可用于常规的 DNA 染色。

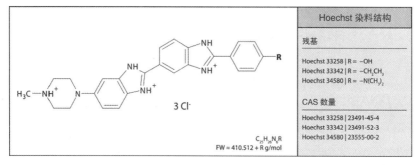

图 2-2　Hoechst 家族分子结构

2.2.2　视网膜感光细胞

视网膜对生物的视觉起着至关重要的作用,视觉的形成有着非常复杂的机制,单独从视网膜来看,其组成结构如图 2-3 所示,该图中视网膜细胞是经过 Hoechst 33342 染料染色后,在共聚焦显微镜下观察获得。

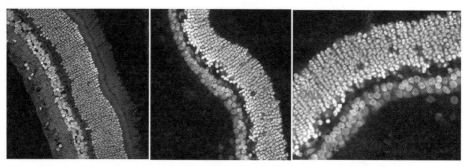

(a)健康状态视网膜切片　(b)视网膜脱落 3 天后切片　(c)b 中主要结构放大展示

图 2-3　视网膜分层的主要结构

视网膜的结构比较复杂，主要功能的部位如图 2-3 所示，可分为内膜层（INL）与外膜层（ONL）。其中在外膜层的感光细胞是形成视觉的一个必要的基础结构，研究发现，感光细胞的数量变化与视网膜脱落与复位之间的关系非常紧密。其中，ONL 层是诸多研究的重要部位，细胞数量的差异在不同研究中以各自的方式分别呈现：①ONL 层单位面积内每行细胞的个数；②ONL 层所占的相对面积变化；③ONL 层的厚度；④ONL 层中细胞的数量。以上的参数是衡量视网膜视觉功能变化的标准，不同的研究中根据不同参数的变化来分别反应视网膜病变的程度。研究发现，当视网膜脱落时，ONL 层感光细胞的密度呈现非常明显的减少，这一点已经被用作视网膜病变评估的一个非常重要的指标。这样，对视网膜外膜层的感光细胞的准确计数成为辅助诊断的一个有效途径。

2.3　高密度细胞及其计数

以 2.2.2 节介绍的视网膜感光细胞为例，细胞密度可达到每 100 μm×100 μm 的面积内含有超过 100 个细胞，这样的结果是细胞之间空隙不足单个细胞的直径大小，这样我们给出高密度细胞的定义：在整个显微镜视野下，如果细胞与细胞之间的距离小于其自身的直径，这样的细胞密度我们定义为高密度。事实上，在实际实验工作中，我们很难发现细胞之间距离均匀的切片，一般情况下，切片中的细胞往往都互相交叠或互相接触，这样便产生了"细胞团"或"细胞串"，传统的图像处理方法往往不能有效地处理此类情况，这种高密度细胞、分割粘连细胞与串珠细胞一直是人们关注的热点问题。

以自动以及半自动方式来辅助细胞的检测与计数已有多年历史，这些工作往往都集中在低密度、可识别、特殊种类或者特殊用途的细胞上面。虽然方法有所不同，但是这些细胞的共同之处是密度较低、个体较大、易于人工识别而且细胞特征明显。此外，在处理这些细胞图像时，如果达到准确计数的程度除了计算机辅助手段之外，还需要人工矫正，这一过程需要消耗大量时间和精力，这便成为制约实验效率的一个重要因素。

如图 2-3 所示，视网膜切片中外膜层细胞密度较高，即使人工计数也难以达到一个比较准确的结果，是典型的高密度细胞，并且不同条件下染色的效果也有很大影响，这对计数工作也是一大障碍。Byun 等提出了一种基于反向高斯滤波的针对类似视网膜高密度细胞的一类细胞检测方法，该方法针对视网膜脱离前后的切片,分别计算出不同的细胞密度来辅助诊断,这在高密度细胞计数领域是技术上的突破。由于本书的方法直接和 Byun 的工作相关,故先简单介绍 Byun 的方法细节。

Byun 的方法选择了一个比较基本的滤波作为细胞检测器,反向拉普拉斯高斯滤波。该滤波是基于图像二阶偏导的各项同性测量方式设计的,可以检测到图像中强度变化明显的区域,如边缘检测等。此种方法可以在图像处理的同时去掉高频噪声并达到较为理想的效果。一般位于原点并且标准差为 σ 的 2D LoG 函数可以描述为

$$\mathrm{LoG}(x,y)=-\frac{1}{\pi\sigma^4}\left[1-\frac{x^2+y^2}{2\sigma^2}\right]\mathrm{e}^{-\frac{x^2+y^2}{2\sigma^2}} \tag{2-1}$$

在 Byun 的方法中,将细胞模型描述为囊泡的突起,因此该方法将拉普拉斯高斯滤波倒置,设计成反向 LoG 滤波来实现增强图像的目的。

虽然 Byun 的方法在对高密度细胞检测计数的时候达到了一个比较低的错误率,但是针对不同质量的图像以及照明不均衡的情况该方法便不能表现出很好的稳定性。

2.4 细胞数据

2.4.1 数据来源

本部分研究所用的数据来源是加州大学圣巴巴拉分校的生物图像信息中心数据库,该数据集专门为高密度细胞计数及相关病理研究而建立,由于本研究只关注高密度细胞检测与计数的部分,因此仅选用其中高密度细胞部分图像。

2.4.2 图像数据采集方式

数据集为研究视网膜脱落及复位与感光细胞数量变化之间的关系而设计,整个将猫视网膜纵向切片,固定并用 TO-PRO 染色后,在共聚焦显微镜下对 $100~\mu m$ 厚的组织切片采集一个 Z 序列,序列中每张图像位于一个聚焦平面,为了避免计数重复,选择的 Z 序列的间隔较大,这样避免了对同一细胞进行重复计数。在本研究中,由于 ONL 层细胞密度较高(600 个/512×100 像素),我们

只针对 ONL 层的感光细胞应用我们的算法，在处理之前，手工将每张图像的 ONL 层分割出来以便后续操作。

2.4.3　细胞图像特点

经核染色的细胞在显微图像中所呈现的状态为多个离散高亮区域，每个区域代表一个细胞核，由于细胞中 DNA 集中压缩在细胞核的"中心"位置，染色后的细胞核均呈现中心强度高于边缘的单个近似圆型的高亮区域。

如图 2-4 所示，其中(a)是视网膜切片图像的一个重新绘制的结果，按照图像中强度变化绘制成 3D 效果，可见每一个细胞都呈现一种气泡的形态，随后我们对灰度图像的灰度梯度向量场进行分析，发现在每个细胞大小范围内，灰度梯度向量均指向一个"中心"，这个中心我们暂时称之为灰度梯度向量收敛中心，如图 2-4(b)所示。

 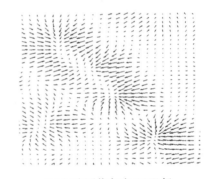

(a)根据图像强度绘制的视网膜细胞　　　　(b)细胞图像灰度 GVF 场
切片图像的 3D 表面

图 2-4　视网膜细胞图像特性

图像滤波作为常见的图像处理技术，可以在图像中增强特定形状的区域。模板匹配是滤波操作的一种，可根据图像特征设计滤波模板来对目标区域进行操作。Byun 的细胞检测方法就是根据细胞泡状结构来设计类似细胞结构的反向高斯滤波对细胞"中心点"增强的细胞检测器。

与图像中细胞区域类似，圆型凸区域的模型定义如下：在圆型或近似圆型区域中，其等强度轮廓曲线向中心收缩，并且各点的灰度梯度向量均指向区域"中心"。图 2-5(a)所示的是带有等轮廓线的圆型凸区域，图 2-5(b)所示是一个标准的圆型凸区域模式图，红色箭头代表梯度向量的方向，图 2-5(c)是图 2-5(b)中的梯度向量变化情况。

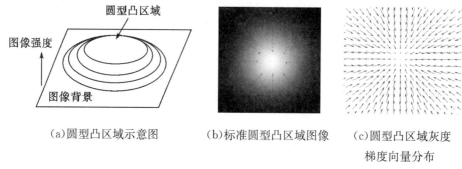

(a)圆型凸区域示意图　　(b)标准圆型凸区域图像　　(c)圆型凸区域灰度
梯度向量分布

图 2-5　圆型凸区域模式图

本部分研究中,我们将细胞近似成为圆型凸区域,并利用相关滤波来实现同样的增强效果。

2.5　基于滑动带滤波的高密度细胞检测方法

目前已经有很多细胞核检测的方法。比如强度阈值、分水岭算法、水平集方法与卷积滤波等。但是大部分方法在处理非均衡照明与不同通道之间交叉噪声上面有很大的劣势。本小节选择滑动带滤波器作为细胞检测器的核心滤波,在经滤波处理过的图像基础上,选择非极大值抑制方法搜索局部极大值作为细胞"中心点",整个计数方案见图 2-6。

2.5.1　滑动带滤波器

图像增强是数字图像处理中的一类重要的技术手段,在医学图像处理中,选择不同的图像增强算法可以增强特定组织,以便后续的研究应用。传统的图像增强算法具有一定范围的支持区域,比如 3×3 像素,5×5 像素,等等,但大多数图像滤波带有的支持空间都比较小。在本书研究中,我们选择一个带有更大支持空间的滤波作为细胞检测器,即滑动带滤波器(Sliding Band Filter,SBF),如 1.5.1 所述,SBF 属于收敛指数滤波家族的一员,该家族滤波器都是为了实现增强图像中的凸区域的中心及边缘而设计。本书中将选择 SBF 作为高密度细胞图像中的细胞检测器,细节如图 2-7 所示,本书研究中,选择从滤波中心释放出的 N 条半径作为支持空间 R。

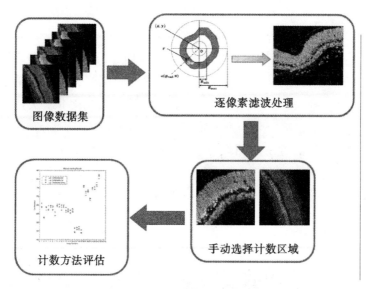

图 2-6 细胞检测与计数方案图

SBF 滤波详情如下：

$$\text{SBF}(x,y) = \frac{1}{N}\sum_{s=1}^{N}\max_{R\min\leqslant r\leqslant R\max}\left(\frac{1}{Bw+1}\sum_{r-(2/d)}^{r+(2/d)}\text{CI}(s,m)\right) \quad (2\text{-}2)$$

式中，

$$\begin{cases} \text{CI}(s,m) = \cos(\varphi_s - \alpha(\varphi_s,m)) \\ \varphi_s = \dfrac{2\pi(s-1)}{N} \\ \alpha(\varphi_s,m) = \arctan\left(\dfrac{G_{m_C}}{G_{m_R}}\right) \end{cases}$$

在整个滤波器对图像操作的过程中，每个变量操作均以像素为单位，G_{m_C} 和 G_{m_R} 分别代表滤波中 m 点灰度梯度向量的行与列分量，N 代表在整个滑动带滤波器的支持空间中从 O 点释放出半径的数量，Bw

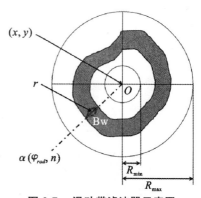

图 2-7 滑动带滤波器示意图

是滑动带的宽度，r 代表在半径方向上从位置 $R_{\min}$ 到 $R_{\max}$ 之间滑动带中心的位置，$\cos[\varphi_s - \alpha(\varphi_s,m)]$ 是 r 点上半径与该点灰度梯度向量之间的夹角。

2.5.2　细胞检测算法

针对提出的高密度细胞检测与计数,本书采取与传统手工计数相似的流程模式,用提出的 SBF 方法来代替人工计数,如图 2-6 所示,首先对 27 份高密度细胞图像数据进行滤波处理,得到滤波响应图像,随后利用非极大值抑制方法筛选局部极大值点,这个极大值点即为细胞"中心点",手工删除检测到的非 ONL 层细胞,最后计算每个图像 ONL 区域内"中心点"个数即为细胞个数。由于本方法只面对高密度细胞计数,视网膜 ONL 与 INL 层的分割工作不列为重点。

在对高密度细胞计数之前,为了验证我们提出的算法,我们人工创建了一组测试数据,如图 2-8 所示。

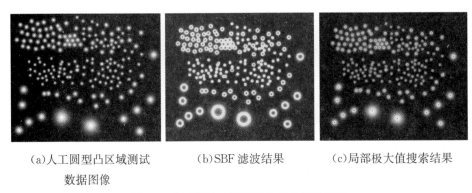

(a)人工圆型凸区域测试　　　　(b)SBF 滤波结果　　　　(c)局部极大值搜索结果
数据图像

图 2-8　SBF 滤波在测试数据集上实验结果

图 2-8(a)为我们人工构建的一个带有高密度、低密度及不同半径的多个圆型凸区域测试图像数据,其中半径从 6 个像素至 60 个像素不等;图 2-8(b)为经滑动带滤波处理后的伪彩图像,红色表示响应值高的区域,蓝色表示响应值低的区域;图 2-8(c)所示为经局部极大值搜索之后的结果,所有的圆型凸区域,无论半径大小均被检测到,其中包括多个粘连、串珠、高密度区以及低密度区,而且对不同半径,确保了图中的圆型凸区域所有的半径值均落在 $[R_{\min}, R_{\max}]$ 内,这样可以使滤波的效果覆盖所有大小的个体。虽然检测结果中有部分点重合,我们通过测量极大值点之间的距离来决定取舍,当两个点之间的距离小于固定阈值的时候,只保留其中一个点。整个计数算法如细胞算法所示。

算法 2-1　细胞计数算法

Cell counting Algorithm

Input：Image I, R_{max}, R_{min}, d, N

Output：Final Cell number C_{num}

Detecting procedure：

1 for each pixel in $I(x,y)$ do

2   Get a sub-region $[R_{max}+1, R_{max}+1]$ center at $I(x,y)$

3   for the ith radius centered at $I(x,y)$ do

4   for the jth pixel in the ith radius do

5   Compute the gradient g.

6   Compute the average $CI_{i,j}$ in band width d.

7   end for

8   CI_{Mi} ← find the Max CI_i.

9   end for

10     $SBF(x,y)$ ← compute average CI_M in sub-region

11 end for

12 get a new image I_{SBF}.

13 Mannual select a counting region R

14 C_{num} ← 0.

15 for each pixel in R do

16   select a sub-region Sr $size$ $[n+1]\times[n+1]$ centered at $R(i,j)$.

17   for all $(k, l) \in Sr$ do

18    $(maxk, maxl)$ ← (k, l).

19   if $Sr(k_1, l_1) > Sr(maxk, maxl)$ Then

20      $(maxk, maxl)$ ← (k_1, l_1).

21   end if

22   end for

23   for all $(k_1, l_1) \in [maxk-n, maxk+n]\times[maxl-n, maxl+n]-[k, k+n]\times[l, l+n]$ do

24   if $Sr(k_2, l_2) > Sr(maxk, maxl)$ Then

25   goto failed

26   end if

27   end for

28	Failed.
29	MaxlicAt($maxk$, $maxl$).
30	$C_{num} \leftarrow C_{num} + 1$.
31	end for

2.5.3 细胞检测性能评估方法

对于细胞检测及计数方法的评估方面,目前最为可靠的方式是将计数的结果与人工计数结果进行比较来获得他们之间的差异,由于细胞数量较大,很难确定其数量,因此除此之外并没有更好的评估方法。在这种评价方法之上,我们选择了三个人分别对同一组细胞进行计数,这样可以尽量减少单个人计数的误差,从而提供一个更为可靠的计数结果,并将此结果作为标准(Ground Truth),如公式 2-3 所示。

$$GT = \frac{N_{M1} + N_{M2} + N_{M3}}{3} \tag{2-3}$$

在用提出的方法获得细胞数量之后,我们建立了一种评估准则,选择人工计数结果作为标准,在此标准之上比较本书提出的方法计数差异与错误率等参考标准。对于计数准确度上面,我们建立两种错误率准则,即人工计数错误率与 SBF 方法错误率,如下:

$$Er_{SBFi} = \frac{|Ni_{SBF} - GT_i|}{GT_i} \times 100\%, Er_{SBF} = \frac{1}{N}\sum_{i=1}^{N} \frac{|Ni_{SBF} - GT_i|}{GT_i} \times 100\%$$

$$\tag{2-4}$$

$$Er_{humani} = \frac{|Ni_{Manual} - GT_i|}{GT_i} \times 100\%, Er_{human} = \frac{1}{N}\sum_{i=1}^{N} \frac{|Ni_{Manual} - GT_i|}{GT_i} \times 100\%$$

$$\tag{2-5}$$

如公式 2-4 所示,其中 Er_{SBFi} 与 Er_{SBF} 分别是利用 SBF 方法对第 i 张图像计算的错误率和对所有图像数据计数的平均错误率,N 代表图像数量,Ni_{SBF} 代表每一张图像上面 SBF 方法检测出细胞的个数,GT_i 代表人工计数建立的标准,即选择三个实验室工作人员分别对同一张图像计数得到结果的平均值;Er_{human} 是每个工作人员对每张图像计数的错误率;其中针对每一张图像,Ni_{Manual} 是每个人对第 i 个图像计数的结果,GT 是用三个工作人员 N_{M1},N_{M2},N_{M3} 计数得到的结果的平均值获得的。

2.6　实验结果与分析

2.6.1　参数设计与选择

由于细胞图像的特点,不能对所有细胞逐一调试参数,根据视网膜 ONL 层感光细胞的特性,并且图像是在细胞处于正常生理状况与视网膜脱落后非炎症状况下采集获得,这样便排除了极大与极小体积细胞的存在的可能,这里我们假定在整个图像数据库中的 27 张图像中 ONL 层所有细胞的直径大小相同。考虑到本研究是由实验工作人员直接参与,故多数参数的选择根据直观视觉测定来设定,下面参数的单位均为"像素",针对图像增强方式检测细胞来说,在这里我们设定 $R_{\min}=4$,$R_{\max}=15$,其他参数 $N=32$,$d=4$,其中 $R_{\max}$ 与 $R_{\min}$ 是直接测量细胞直径获得,设定细胞直径落在 $[R_{\min}, R_{\max}]$ 之间,局部极大值搜索区域 n 选择 27 组图像中的一组留出做测试,另外 26 组图像作为训练集,进行 27 重交叉验证来获得最佳的局部极大值搜索区域。

2.6.2　细胞检测实验结果分析

所有算法均由 Intel 1.86GHz CPU 2GB 内寸的机器在 windows 平台下用 MATLAB R2011a 实现,包括手工分割 ONL 层的时间在内,平均计算每幅图像的时间在 15min。

本小节针对细胞检测器的性能进行评估,作为高效的细胞检测器必须满足这样几个标准:应用简单,检测细胞的准确度接近人工计数,提供可靠的结果并且可以应用于其他种类的细胞等。

研究中,我们针对视网膜切片外膜层高密度感光细胞进行检测,首先对 27 张细胞图像的外膜层部分进行人工计数。图 2-9 为整个细胞探测流程中原始图像、滤波响应结果以及细胞探测结果的一个展示。

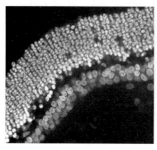 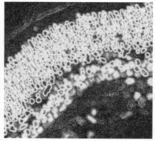 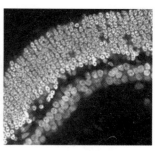

(a)原始图像 　　　　(b)SBF 增强后结果 　　　　(c)局部极大值搜索结果

图 2-9 细胞检测结果示例

　　图 2-10 为选择人工方式对 27 张图像的计数结果,我们选择了三个不同的实验室人员同时计数,这三人中有一人从事湿实验工作,整个手工方式时间耗费每张图像平均需要 10 分钟,完成整个 27 张图像大约花费 8 小时,其并不是一次性完成,而是分成若干天分别进行。可以看出对不同类型的图像,人工计数的方式在不同人之间存在较大差异,从数量上面看不同的人计数的差异从 8 个到 69 个不等。

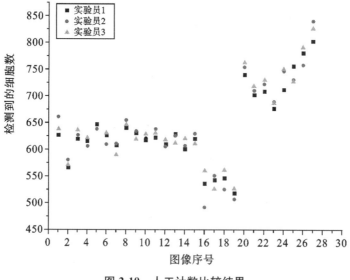

图 2-10　人工计数比较结果

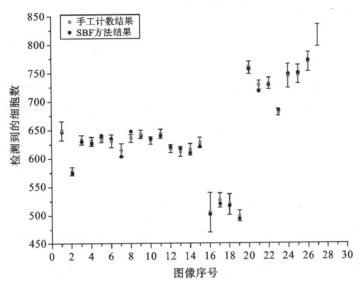

图 2-11　SBF 计数方法与手工计数方法结果差异比较

　　传统方式的细胞计数是在同一幅图像上反复计数多次来取平均值,我们采用同样的比较方法来用手工的方式和 SBF 方式分别计数,获得的结果如图 2-11 所示,从不同图像来看,SBF 方法计数结果与人工计数的标准非常接近,就整个 27 张图像来说,有 3 到 27 个细胞的数量差异,另外人工计数的稳定性会随着诸多因素而变化,SBF 方法的稳定性只和参数有关。

　　错误率评估是衡量一个细胞检测器性能的关键指标,根据公式 2-3 计算的错误率分布如图 2-12 所示。

　　本书提出的基于 SBF 的细胞计数方法在图像数据库中的错误率分布是从 0.49% 到 5.09%,平均错误率达到 1.83%,与手工计数方式相比较,错误率不高于手工计数的 0.6%,而且整体错误率均小于 6%,经实验人员评估,这种错误率完全符合实验需求。

　　如表 2-1 所示,我们比较了两种方法在同一细胞数据集上面的错误率,在标号为 1～27 的图像中,分别对应手工计数与本书提出的基于 SBF 的计数方法,可见在错误率上面,两个方法所获得的结果差异不超过 0.6%。

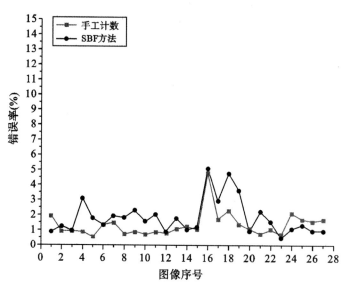

图 2-12　SBF 计数方法与手工计数方法的错误率比较

表 2-1　手工计数与本书提出方法的错误率比较

图像序号	手工计数(%)	SBF 方法(%)
1	1.94	0.88
2	0.93	1.22
3	0.96	0.95
4	0.87	3.08
5	0.55	1.75
6	1.36	1.33
7	1.47	1.93
8	0.75	1.80
9	0.88	2.33
10	0.71	1.55
11	0.85	2.06
12	0.8	0.87
13	1.07	1.76
14	1.24	1.03

（续表）

图像序号	手工计数(%)	SBF 方法(%)
15	1.04	1.18
16	4.78	5.09
17	1.69	2.89
18	2.32	4.77
19	1.37	3.60
20	1.06	0.92
21	0.75	2.25
22	1.02	1.52
23	0.71	0.48
24	2.17	1.08
25	1.69	1.30
26	1.57	0.94
27	1.67	0.93
平均	1.34	1.83

2.6.3　同类方法比较结果

细胞检测与计数等工作已经从 20 世纪 70 年代开始就已经有很多人进行研究，传统的方法如图像阈值方法或一些类似方法解决细胞体的分割与识别的任务。Byun 和 Usaj 等提出了一类基于高斯滤波的高密度细胞计数方法，具体方法见 2.2.3。虽然高斯滤波检测效率比较高，但是该方法对对比度变化较为敏感，在对比度较低的情况下检测的结果不是特别理想。

表 2-2 分别为三种方法在不同数据上面计数的结果，可见 SBF 方法在计数准确度上面明显高于其他两种方法，在光照不均衡图像中细胞计数的准确性往往偏低，其他方法的准确性一般还未达到 20%，即错误率达到了 80% 以上，SBF 方法的准确度接近 30%，也就是错误率为 71.8%，优于其他两种方法。

虽然传统方法在一定程度上面解决了细胞检测与计数的半自动化问题，但是随着研究的深入，在一些较为复杂的情况下往往不能发挥其作用，比如在高密度细胞的情况下，一些传统方法并不能达到理想的效果。本小节选择图像阈值法,与拉普拉斯高斯方法进行比较,同时在非均衡照明条件下也比较并突触了图像阈值法的优势。

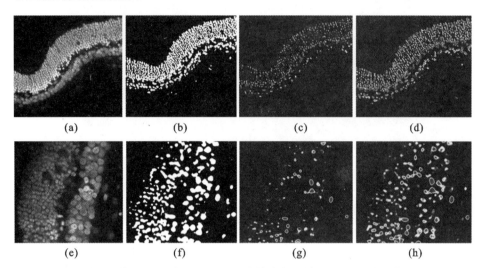

(a)视网膜外膜层图像(e)非均衡照明的视网膜外膜层图像;(b)(f)图像阈值方法检测细胞结果;(c)(g)LOG 方法检测细胞结果;(d)(h)SBF 方法检测细胞结果

图 2-13 图像阈值、LoG 和 SBF 方法对不同质量的视网膜细胞检测结果

表 2-2 细胞计数方法比较结果(单位:个)

图像	金标准	SBF 法		图像域值		LoG 法	
		偏移	检测到的细胞数	偏移	检测到的细胞数	偏移	检测到的细胞数
Figer 2-13(a)	614	30	584	287	327	179	435
Figer 2-13(e)	263	189	74	217	46	230	33

如图 2-13 所示,(a)图为视网膜 ONL 层高密度细胞图像,(e)显示由显微镜引起的非均衡照明区域,此两幅图作对比。(b)(f)所示即为图像阈值方法对细胞图像处理后结果,虽然可以检测到细胞区域,但是对细胞密度较高的图像和不均衡照明的图像检测结果较差。(c)(g)所示为 Byun 和 Usaj 等提出的高斯滤波方法,虽然高斯滤波检测效率比较高,但是高斯滤波方法对对比度变化较为敏感,在对比度较低情况下检测结果不是特别理想。(d)(h)为本部分研究所提出的 SBF 细胞检测器,与其他方法比较可见此方法对高密度细胞的检测效

果有明显的优势,并且对对比度不均衡、噪声等现象有一定的抑制效果。

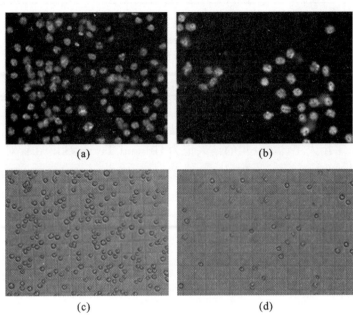

(a)Drosophila Kc167 细胞经荧光染料染色后结果,细胞密度为 4×10^5 个/mL;(b) Drosophila Kc167 细胞经荧光染料染色后结果,细胞密度为 2×10^5 个/mL;(c)体外培养 72 小时的昆虫细胞,细胞密度为 6×10^6 个/mL;(d)体外培养 72 小时的昆虫细胞,细胞密度 2×10^5 个/mL

图 2-14　其他细胞检测结果

　　除了在视网膜切片高密度细胞显微图像上面应用 SBF 方法进行细胞检测计数外,还将此方法应用至果蝇卵巢细胞,另外,一种修饰的滑动带滤波器也用于 $sf9$ 昆虫细胞的检测(具体方法见第三章),两类细胞均得到了比较满意的结果。如图 2-14 所示,(a)(b)为通过 Zeiss Axiovert 200M 显微镜获得的经 Hoechst 33342 核染色的果蝇细胞图像,该图像为单通道 DNA 染色图像,大小为 512×512 像素;(c)(d)为杆状病毒表达体系中的 $sf9$ 昆虫细胞图像,由 Nikon K2000 共聚焦显微镜获得,放大倍数为 200 倍。

　　由此,基于 SBF 的细胞计数方法可以应用在不同的共聚焦显微镜下细胞计数上面,针对高密度细胞计数效果接近人工计数的结果,在低密度的时候细胞检测准确。

表 2-3 其他细胞检测结果

细胞类型	果蝇		sf9	
细胞密度	4×10^5 cells/mL	2×10^5 cells/mL	6×10^6 cells/mL	2×10^5 cells/mL
金标准	106	40	230	46
SBF 方法	111	40	237	46

　　如表 2-3 所列,为针对不同种类细胞计数的结果,选择数据为图 2-14 中的四幅图像,采用人工计数获得的结果记为 Ground Turth,SBF 在针对低密度细胞时计数结果非常准确,在相对高密度的时候,图 2-14(a)与(c)由于细胞有抱团的现象,这在人工计数里面会被当作一个细胞,而我们的方法可以将抱团细胞的数量计算出来。

第3章 基于修饰滑动带滤波的 明亮视野昆虫细胞检测与计数

3.1 引言

　　血球计数板在细菌、真菌、酵母等微生物、人或动物的红细胞、白细胞计数以及一些基于细胞的实验研究中有着广泛的应用,是一种常见的生物学工具。血球计数板通常是在光学显微镜下面直接对微生物或细胞进行测定,可观察一定容积中个体的数量,随后根据相应的公式推算出密度,是以非常直接的方式获得第一手实验数据而一直被实验人员采用。该方法依靠人工肉眼辨识细胞体,存在较大误差,往往需要反复多次进行,费时费力且耽误实验进程。

　　昆虫杆状病毒表达载体系统(BEVS, Baculovirus Expression Vector System)在基因工程领域是一种高效的外源基因表达系统,可以借助杆状病毒在哺乳动物细胞中高效地表达外源基因,并且不带来该宿主细胞的病变。目前已经成为基因工程领域的四大表达系统之一,在基因治疗、制药、疫苗生产等诸多领域有着比较广泛的应用。昆虫细胞在整个BEVS中作为杆状病毒宿主来为病毒提供繁殖的环境,获得健康离体培养的昆虫细胞是整个实验成功的关键。昆虫细胞培养及传代有很多种实现方式,目前对细胞健康状况把控现有的途径主要是通过人工直接观察获得,这里面一个重要的关键参数就是细胞数量,因此计数问题成为限制整个体系的工作效率的关键因素。同时,由于实验室自动化程度较低,很多的计数检测工作都是通过手工来完成,其结果往往有很大的差异,从而影响后续的实验。因此,自动或半自动实验辅助方式来改进传统细胞生物学实验的策略势在必行,然而类似策略应用十分有限。

　　在本部分研究中,我们针对大规模摇瓶培养的 $sf9$ 昆虫细胞,提出基于修饰滑动带滤波的昆虫细胞计数方法,随后在采集到的昆虫细胞数据集上面进行检测,得到的结果与手工计数结果接近,并且经过验证可以应用在昆虫杆状病毒表达体系的建立中来改善其效率。

3.2 细胞数据来源、制备与获取

3.2.1 杆状病毒表达体系

杆状病毒是一类双链 DNA 病毒,基因组可达 180kbp 大小,整个杆状病毒家族都是节肢动物特异性的病毒,根据杆状病毒的不同表型,其家族可以分为 α、β、γ、δ 四类。因生存条件与发育状态不同,杆状病毒主要以出芽型病毒粒子和包涵体型病毒粒子两种形态存在,作为一类非脊椎动物特异的病毒,其最早期并不是应用在基因工程领域,而是应用在大豆和棉花种植过程中除病虫害。近年来随着微生物学和病毒学的发展,杆状病毒作为一种可以高效介导外源基因的传递载体在基因工程领域得到了广泛的应用,截至目前,苜蓿银纹夜蛾核型多角体病毒(Autographa california muticapsid nucleopolyhedrovirus,AcMNPV)和家蚕核多角体病毒(Bombyx mori nuclear polyhedrosi virus,BmNPV)作为外源基因传递载体生产重组蛋白是应用得最为广泛的两类。

重组杆状病毒技术的应用始于 20 世纪 80 年代,近年来分子生物学与细胞生物学高速发展的同时也促进了该领域的进步,已有诸多的细胞系、转染试剂、特种培养基以及病毒表达载体推出。作为一款高效的外源基因传递与表达载体,BEVS 包含了多种启动子原件,可以在脊椎动物的体细胞内高效表达外源基因。昆虫细胞作为重组杆状病毒的宿主细胞,可以确保病毒在各个生长生存时期获得最大限度的增殖,而且目前有(无)血清培养基、转染试剂等化学材料可以确保病毒在转染、培养以及蛋白表达过程中对病毒精准的控制。此外,大规模昆虫细胞培养与处理策略可以使实验室下游工程处理更为快捷,这些优势使得通过 BEVS 大规模生产外源蛋白成为可能。另外,由于杆状病毒的广泛的受体范围以及低细胞毒性的特性,使得其在基因治疗领域、基因工程疫苗领域得以广泛的应用。

图 3-1 是应用 Bac-to-Bac 病毒表达体系来生产重组杆状病毒及基因表达的策略流程,首先需要用户自行设计供体质粒,设计完成后转染大肠杆菌 DH10 BAC 感受态细胞(图 3-1 中步骤 1),在大肠杆菌体内,转化的质粒通过同源重组方式获得杆状病毒基因组的 Bacmid(图 3-1 中步骤 2),按照图 3-1 步骤 3 制备

好重组 Bacmid 之后，将 Bacmid 转染宿主细胞，经过一段时间细胞培养后，带有外源基因的组杆状病毒经过细胞裂解方式制备成功（图 3-1 步骤 4）。

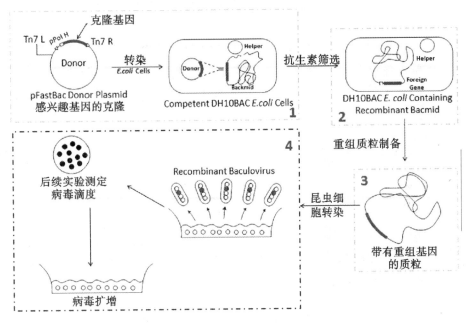

图 3-1　Bac-to-Bac 表达体系构建重组杆状病毒策略

如图 3-1 所示，在重组杆状病毒的制备过程中，其宿主细胞提供病毒增殖的重要生长环境，在宿主细胞制备过程中需要达到一个适合的细胞密度（通常来说要达到 $1 \times 10^6 \sim 2 \times 10^6$ cells/mL）才能满足后续实验的要求，因此一个高效的细胞培养策略是 BEVS 转导外源基因成功的关键。目前，对细胞培养策略仍然采用人工方式实现，本部分研究目的是提出一种新的细胞计数策略来解决 BEVS 体系中宿主细胞制备的效率问题。

3.2.2　基于血球计数板的细胞计数

血球计数板又称为改良的纽保尔计数板，最初设计是为了对细菌及血细胞进行计数，经过多年的改进研究，可以应用于细菌、真菌、酵母等多种微生物的计数。

如图 3-2 所示，(a)是一个血球计数板实物图，传统实验室工作模式就是利用这样一个小玻璃板对细胞进行计数；(b)图是血球计数板剖面图，在盖玻片和计数板之间 0.1 mm 深，1×1 mm² 面积计数池注入细胞培养液，按照(c)图中不同区域计数的方式来计算细胞密度；一般来说，在(c)图中计算标号为 A 的 5 个区域或标号为 B 的四个区域的细胞数量，按照公式 3-1 算出细胞密度。

$$Vol_{INC} = Squire_{Insect\_cell} \times C_{Depth} \times Cell_{cct} \tag{3-1}$$

式中，C_{depth} 代表血球计数板的深度，$Cell_{cct}$ 代表昆虫细胞的浓度。

以昆虫细胞为例，细胞计数的过程如下：首先将昆虫细胞悬液按照一定比例稀释后注入图 3-2(b)的中空区域，随后在光学显微镜下面按公式 3-1 计算细胞密度。

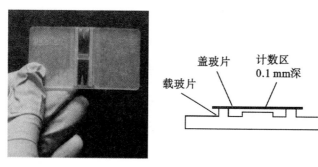

(a)血球计数板   (b)血球计数板空间分布侧面视图   (c)0.1 mm 深，1 mm² × 1 mm² 面积计数池模式图

图 3-2   血球计数板模式图

3.2.3   昆虫细胞培养

3.2.3.1   细胞培养试剂与仪器

DMEM 培养基(Cat. No.SH30022.01)购自 Hyclone 公司；sf900 Ⅱ SFM 培养基（Cat. No. 10902-088），sf900（1.3×）培养基（Cat. No. 103948）购自 Invitrogen 公司；胎牛血清(Cat. No.A15-043)购自 PAA 公司；Agarose 低熔点琼脂糖购自 Promega 公司；胰蛋白酶购自宝生物工程有限公司。

倒置式生物显微镜，型号 DIAPH0TTMD，生产厂家为 NIKON；生物安全柜，型号 HFsafe1500/C，生产厂家上海力新实业有限公司；气套式二氧化碳培养箱，型号 Steri-Cyde371，生产厂家为 FORMA 公司；电热恒温培养箱，型号 HH-B11-420-S，生产厂家为上海跃进医疗器械厂。

3.2.3.2　细胞培养方式

在重组杆状病毒的制备过程中,主要采用摇瓶培养的方式来扩增昆虫细胞,针对杆状病毒来说,主要有表 3-1 中几种宿主细胞,在这里我们主要选择 $sf9$ 为主要的宿主细胞来进行实验。

此细胞培养工作与构建重组杆状病毒并行,并未影响湿实验的进展,具体操作流程如下。

(1)取出保存于液氮中的 $sf9$ 昆虫细胞,迅速放入 37℃水浴中 2 min,待细胞解冻后,立即以 1 000 rpm 离心 5 min,去除冻存液;

(2)弃去上清液,细胞沉淀用新鲜的 SF900 Ⅱ 完全培养液(SF900 Ⅱ SFM 中加入 10%进口胎牛血清及 1%双抗)重悬;

(3)调整细胞密度至 5×10^5 个/mL,接入三角瓶中,以 70 rpm,27℃条件下悬浮培养;

(4)待细胞密度生长至 $2 \sim 3 \times 10^6$ 个/mL 时,用 SF900 Ⅱ 完全培养液将密度调整至 1×10^6 个/mL 进行传代培养。

表 3-1　BEVS 中常用的昆虫细胞系

昆虫细胞种类	细胞系
Spodoptera frugiperda	$sf9$
Spodoptera frugiperda	Sf-21
Trichoplusia ni	Tn-368
Trichoplusia ni	High-Five™ BTI-TN-5B1-4

3.2.4　昆虫细胞图像数据采集

根据上述培养策略,我们分别在第 0～240 小时采集样本,每次间隔 24 小时,按照图 3-2(c)中 A1 至 A5 区域分别采集图像。随着 $sf9$ 昆虫细胞培养过程的进展,细胞的浓度逐渐增加,每次细胞计数的时候我们分别对细胞进行不同比例的稀释,以确保细胞在每次视野中呈均匀分布状态,尽量避免有交叠或粘连。采集图像同时,选择人工计数方式同步进行,用于建立标准。

3.3 基于修饰滑动带滤波的细胞检测方法

3.3.1 流程及评估方法

基于采集的图像数据,本部分研究中提出针对 $sf9$ 昆虫细胞在明亮视野下的细胞计数方法,整个流程基于修饰滑动带滤波(Transformed Sliding Band Filter, TSBF)设计,目的是为了增强细胞"中心点",与大部分细胞计数流程类似,首先针对采集图像手工选择计数区域,随后选择 TSBF 对细胞图像进行增强,在滤波相应图像基础上应用非极大值抑制方法搜索局部极大值,每个极大值点即为细胞位置,整个细胞计数流程如图 3-3 所示,在细胞检测流程最后,我们选择将提出的方法与人工计数方法做比较,用于验证 TSBF 方法的准确性。

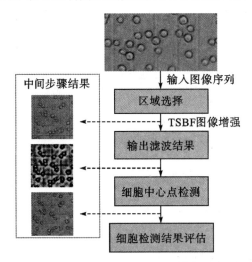

图 3-3 细胞检测方案图,以 $sf9$ 昆虫细胞为例

为了验证 TSBF 方法的准确度我们将该方法的结果与人工计数的结果进行比较,选择人工技术的结果为标准,整个方法的错误率计算见公式 3-2 与公式 3-3。

$$ERT = \frac{|DA - GT|}{GT} \times 100\% \qquad (3\text{-}2)$$

$$TERT = \frac{ERT}{NT} \times 100\% \qquad (3\text{-}3)$$

式中，

$$GT = \frac{N_{s1} + N_{s2} + N_{s3}}{3}$$

$$DA = \frac{D_{s1} + D_{s2} + D_{s3}}{3}$$

$$N_{si} = \frac{Sample\_i_{\text{sui}} + Sample\_i_{\text{dai}} + Sample\_i_{\text{zhang}}}{3}, i \in \{1, 2, 3\}$$

式中，ERT（Error Rate of TSBF）表示在特定浓度下 TSBF 的错误率，TERT（Total Error Rate of TSBF）是在所有细胞浓度下 TSBF 的平均错误率，NT 代表在不同细胞浓度下选择的样品数量，GT 代表根据不同实验室工作人员计数结果计算出的标准，DA 代表针对每天利用 TSBF 方法对每个样品进行检测获得的细胞数量，$Sample\_i$ 代表在特定浓度下一个实验室工作人员计算出的细胞数量，N_{si} 代表三个实验室人员计算出细胞数量的平均值。我们选择的起点是细胞从液氮复苏后，将细胞密度稀释至 5×10^5 cells/mL，随后每隔 24 小时便采集一次样品，由三个工作人员分别计数，直至第 10 天前后细胞裂解明显。

3.3.2　明暗视野下细胞图像比较

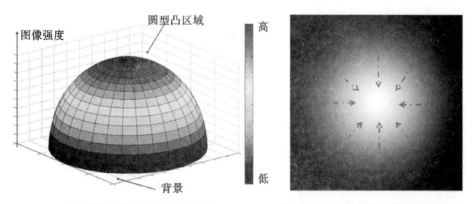

（a）圆型凸区域的图像强度分布　　　　（b）圆型凸区域的灰度梯度向量分布

图 3-4　圆型凸区域模式图

对于非生物工作者来说，诸如视网膜细胞，果蝇 Kc167 等细胞图像是我们所熟知的，这类细胞图像主要的特点都是在暗视野下面拍摄，而且每个细胞都是可以近似看作如图 3-3 所示的圆型凸区域。我们在前面章节提出了一种基于 SBF 的高密度暗视野细胞计数方法，该方法可以通过图像滤波方式增强圆型凸区域的中心及边缘,在暗视野条件下,由于染色的细胞 DNA 集中在细胞中心区域,而且经过固定波长的光激发后的成像是近似圆型凸区域,这样 SBF 的增强效果非常明显。然而在明亮视野下,虽然同属细胞,但是其形态差别非常明显。

如图 3-5 所示,(a)与(d)分别是暗视野下视网膜细胞与亮视野下 $sf9$ 昆虫细胞的显微图像,在视网膜细胞图像中,可以清晰地看到细胞是以独立区域存在的,细胞与细胞连接比较紧密而且边界清晰,但是对于昆虫细胞在亮视野显微镜下面的形态就有很大的改变,细胞在显微镜下呈透明状,虽然细胞体之间非常清晰,但是每个细胞个体呈现视觉上"环状"结构。随后我们对细胞的梯度向量场进行分析,如(b)和(e)所示,视网膜细胞呈现圆型凸区域,而昆虫细胞的梯度向量场分布有很大不同,对于单个细胞来说,其灰度梯度向量在细胞边缘有很大变化,细胞内梯度向量是指向细胞中心的,但是在细胞边缘外部其梯度向量的方向指向背景区域,即在细胞边缘梯度向量方向相反,如(e)所示。这种情况下 SBF 对 $sf9$ 细胞的图像起不到增强的作用,比较结果见图 3-5。

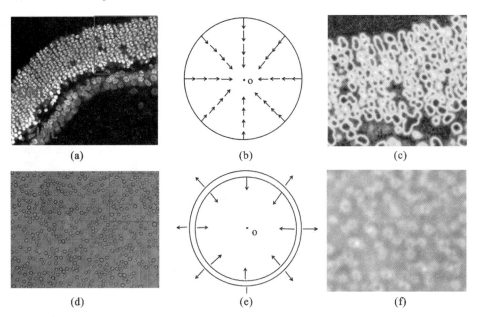

(a)暗视野下视网膜细胞;(b)图(a)中每个细胞的灰度梯度向量场分布情况;(c)SBF 对(a)图增强效果图(局部);(d)亮视野下 $sf9$ 昆虫细胞;(e)昆虫细胞梯度向量分布;(f)SBF 对(d)图增强效果

图 3-5 明暗视野下细胞图像梯度向量场与 SBF 增强效果比较

3.3.3　基于修饰滑动带滤波的明亮视野细胞计数算法

针对明亮视野细胞计数已经有很长的研究历史,但是这些工作主要集中在血细胞计数或者是溶液中离散颗粒的计数上面,基于图像的血球计数板计数方法近年来也有所改进,但是应用范围比较有限。本部分研究主要是提出一种针对明亮视野 $sf9$ 昆虫细胞的检测方法,用以提高 BEVS 中宿主细胞培养的工作效率。

参见第二章,典型滑动带滤波如公式 2-2,在上一部分研究过程中,我们应用滑动带滤波器进行了高密度的视网膜细胞的计数工作。在本部分中,我们将滑动带滤波器进行一定的调整,使其适应明亮视野下的昆虫细胞,该视野下面的细胞梯度向量收敛方式是背向细胞膜边缘,而细胞中心位置和背景部分的灰度相差不大,这样的情况下,滑动带滤波的收敛指数部分并不适合此种情况的细胞图像增强,因此我们调节收敛指数部分直至适应昆虫细胞的轮廓。下面是本部分研究中提出的修饰的滑动带滤波的表达公式:

$$\mathrm{TSBF}(x,y) = \frac{1}{Pn}\sum_{rad=1}^{Pn} \max_{R_{\min}<r<R_{\max}}\left(\frac{1}{Bw+1}\sum_{r-(Bw/2)}^{r+(Bw/2)}(\mathrm{ABS(CI)}+\omega\times\mathrm{Gv}(rad,n))\right)$$

$$(3\text{-}4)$$

式中,

$$\begin{cases} \mathrm{ABS(CI)} = \parallel \mathrm{CI}(rad,n)\parallel \\[2mm] \mathrm{CI}(rad,n) = \cos(\varphi_s - \alpha(\varphi_s,m)) \\[2mm] \varphi_s = \dfrac{2\pi(s-1)}{N} \\[2mm] \alpha(\varphi_s,m) = \arctan(\dfrac{Gm_C}{Gm_R}) \\[2mm] \mathrm{Gv}(rad,n) = \sqrt{Gm_C{}^2 + Gm_R{}^2} \end{cases}$$

式中,ABS(CI)代表在像素点 (rad,n) 处收敛指数的绝对值,此处如此设计是为了忽略在细胞边缘附近梯度向量的收敛以及发散特性,从而调整滑动带滤波器在细胞位置的增强效果。Gv (rad,n) 代表在点 (rad,n) 的梯度向量值,ω 为人工设定的权重参数,目的在于提高处理光照不均衡以及显微镜聚焦不准确的情况下所致的图像模糊状况时增强效果,此方法模式图如图 3-6(a)所示。通过应用修饰滑动带滤波方法至昆虫细胞数据库上面后,得到增强的昆虫细胞图像,随后应用非极大值抑制的方法找到局部极大值点,即为假定的细胞中心点。结果如图 3-6(c)所示。

最后选择非极大值抑制(Non-Maximum Suppression,NMS)方法对局部极大值进行检测,最终得到的局部极大值点即为细胞中心点,参见图 3-6 是 NMS 算法,其中 Sr 代表所选图像区域,(k,l) 和 (k_1,l_1) 分别为 $(n+1)×(n+1)$ 区域内的像素点。

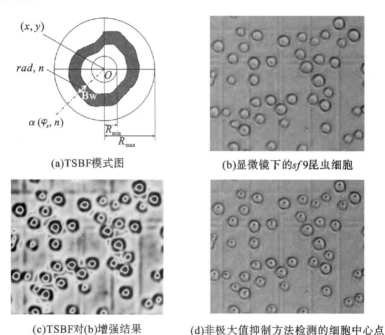

(a)TSBF模式图 (b)显微镜下的sf9昆虫细胞

(c)TSBF对(b)增强结果 (d)非极大值抑制方法检测的细胞中心点

图 3-6　修饰滑动带滤波器检测昆虫细胞

3.4　实验结果与分析

3.4.1　参数设计与选择

选用 Intel 1.86GHz CPU 2GB 内存 windows 平台下用 MATLAB R2011a 实现上述方法。对于参数选择,我们采取与第二章同样的参数选择方法,即直接采用直接从图像中测量细胞半径大小。对于昆虫细胞检测部分来说,我们选择以下的参数来进行实验。其中单位均为像素,设定最大与最小细胞半径分别

为 $R_{min}=8$ 像素和 $R_{max}=30$ 像素,这样的设计可以确保覆盖所有大小的细胞体。支持空间半径个数 $N=32$ 采用默认设计,另外滑动带宽度同样根据测量直接获得,设定为 $d=6$。局部极大值搜索区域 n 这里我们选择 5 组图像中的一组留出做测试,另外 4 组图像作为训练集,进行 5 重交叉验证来获得最佳的局部极大值搜索区域。

算法 3-1　TSBF 细胞计数算法

TSBF Cell counting Algorithm
Input:Image F, R_{max}, R_{min}, d, N
Output:Final Cell number C_{num}
Detecting procedure:
1　Mannual select a counting region I from A1 to A5 in F.
2　for each pixel in $I(x,y)$ do
3　　Get a sub-region $[R_{max}+1, R_{max}+1]$ center at $I(x,y)$
4　　for the ith radius centered at $I(x,y)$ do
5　　　for the jth pixel in the ith radius do
6　　　　Compute the gradient g.
7　　　　Compute the average absolute value $\|CI_{i,j}\|$ in band width d.
8　　　end for
9　　　CI_{Mi} ← find the Max $\|CI_i\|$.
10　　end for
11　　　TSBF(x,y) ← compute average CI_M in sub-region
12　　end for
13　get a new image I_{TSBF}.
14　Mannual select a counting region R
15　C_{num} ← 0.
16　for each pixel in R do
17　　select a sub-region Sr size $[n+1]\times[n+1]$ centered at $R(i,j)$.
18　　for all $(k, l)\in Sr$ do
19　　　$(maxk, maxl)$ ← (k, l).
20　　　if $Sr(k_1, l_1)>Sr(maxk, maxl)$ Then
21　　　　$(maxk, maxl)$ ← (k_1, l_1).
22　　　end if

```
23      end for
24      for all (k₁, l₁) ∈ [maxk − n, maxk + n] × [maxl − n, maxl + n] − [k, k + n] × [l,
        l + n] do
25          if Sr(k₁, l₁) > Sr(maxk, maxl) Then
26              goto failed
27          end if
28      end for
29      Failed.
30      MaxlicAt(maxk, maxl).
31      Cₙᵤₘ ← Cₙᵤₘ + 1.
32  end for
```

3.4.2　细胞检测结果分析与同类方法比较

在杆状病毒表达体系中,昆虫细胞的计数工作一直以来都是借助显微镜通过手工来进行的,这种方法费时费力,而且不同的工作人员计数的结果又比较大的出入,因而往往需要多次的重复验证,至今还没有一个半自动或者自动的方法来辅助这项工作。本部分研究中,我们提出一种半自动的计数方法来改善BEVS的工作效率。

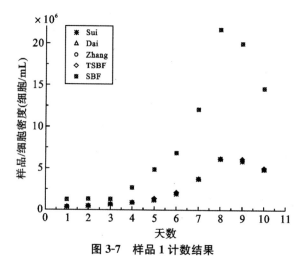

图3-7　样品1计数结果

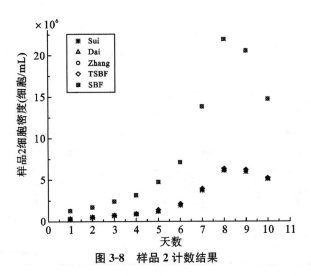

图 3-8　样品 2 计数结果

　　作为一个细胞检测器来说,提供与手工计数较为接近的结果是衡量该计数器的一个标准,我们将设计好的细胞检测器应用在通过光学显微镜采集的昆虫细胞数据集里面,每次计数采集 3 个样本,对于每一个细胞样本,选择在计数板上面 A1 到 A5 这 5 个区域的图像,分别经过三个实验人员进行计数来确保计数结果更加接近真实值,得到的结果做为标准用来衡量检测器的精度。通过计数结果比较得出,本部分研究提出的方法利用初始参数设置所得到的结果接近手工计数,其结果差异从 7 000 至 200 000 个细胞不等,经过分析,在细胞进入平台期后,细胞密度有一定的差异,此时手工计数与提出的方法计数差异较大,是采样的细胞密度不均一所致。

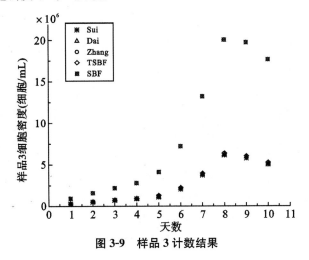

图 3-9　样品 3 计数结果

图 3-7,图 3-8 和图 3-9 分别为每次采集的三个样品分别计数的结果,其中,TSBF 方法的计数结果与实验室三位工作人员人工计数的结果非常接近,由于 SBF 方法检测的到的关键点位于细胞边缘,如图 3-10(c)(e)所示,我们选择了第三天与第五天的细胞为例来比较说明 SBF 方法和提出的 TSBF 方法在细胞检测上面的差异。

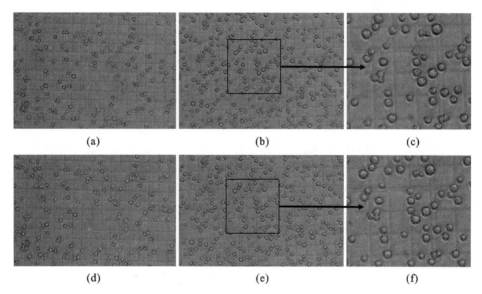

(a)第三天时 TSBF 方法检测结果;(b)第五天时 TSBF 方法检测结果;(c)(b)中放大部分;
(d)第三天时 SBF 方法检测结果;(e)第五天时 SBF 方法检测结果;(f)(e)中放大部分

图 3-10　SBF 方法和 TSBF 方法对昆虫细胞检测结果比较

图 3-11 为平均细胞密度计算结果,TSBF 方法计算的细胞平均密度与手工计算获得结果非常接近,而 SBF 计算的细胞密度明显高于 TSBF,主要原因如图 3-11 所示。

错误率是另外一个评估细胞检测器的重要依据,通过与 SBF 计数结果相比较,TSBF 方法检测细胞得到结果的错误率分布在 0.89%～3.97%,240 小时内平均错误率在 2.21%,而 SBF 的错误率呈现非常不稳定的趋势,这主要是由于在细胞检测的时候对边缘点检测的数量不稳定所致,见图 3-12,对于细胞培养的湿实验经验来看,一般处在对数生长期的昆虫细胞理想的浓度为 $5.5×10^6$ cells/mL,但是在实验过程中很难达到严格的精确值,一般来说细胞密度处在 $5.3×10^6$ cells/mL～$5.7×10^6$ cells/mL 范围内均可供实验需求,这样这个差异从错误率上面就体现为 2% 左右的差异，因此 2.21% 这个错误率在实验上面完全被实验所接受。

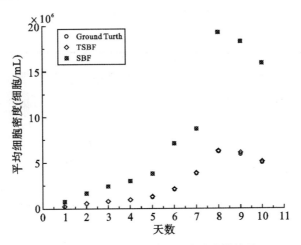

图 3-11　细胞密度计算不同方法比较结果

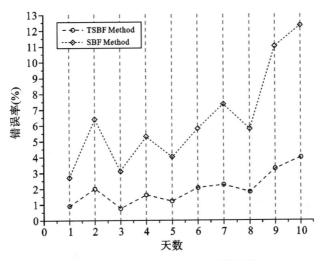

图 3-12　0～240 小时错误率计算结果

通过摇瓶培养方式进行扩增昆虫细胞是一种比较普遍的培养方式，随着细胞密度的增长，当摇瓶从恒温摇床中取出后，一部分细胞呈现抱团的状况，此种情况下细胞计数时往往计为单个细胞，而本书提出的方法是将所有的细胞均检测出来，因此得到的结果可能在此种情况下准确度有所下降，为了验证这个假设,我们选择在第三天和第八天时将细胞取出并进行一定比例的稀释,确保细胞的密度降低至细胞之间没有交叠的情况,这样,结果显示在这两天内计数的错误率有一定程度的下降,从而验证了我们的假设,如图 3-12 中第三天与第八天的结果。

细胞培养中另外一个比较重要的参数就是生长曲线,绘制生长曲线可以保证实验人员准确地把握细胞生长轨迹,从而在合适的时间对细胞生长环境进行微调,同时也能提供精确的时间节点来决定何时对病毒进行接种而保证后续实验的顺利进行。针对这一点,用 TSBF 方法获得的结果绘制成了 $sf9$ 昆虫细胞的生长曲线,并将结果与手工绘制的结果相比较,如图 3-13。

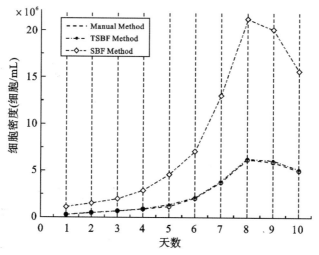

图 3-13　SBF、TSBF 与手工方法绘制生长曲线

从图 3-13 可以看出,SBF 方法绘制的生长曲线与真实的细胞生长状况有较大的差异,TSBF 方法与手工方法绘制的生长曲线非常接近,而且随着细胞的增殖,曲线变化也趋势一致,在第八天之后两个曲线有一定程度的分离,这主要是因为此刻的细胞正处在衰亡期,很多细胞由于缺少营养而裂解为若干碎片,这样 TSBF 方法错误地将碎片检测为细胞,以至于影响计数结果的准确性,但是此刻的细胞已经不能用于转染等实验,因此这部分的误差可以忽略不计。

由于目前没有针对昆虫细胞设计的技术方法,这里我们仅将提出的方法与传统方法进行比较。图 3-14 是本部分提出的 TSBF 方法与几种传统方法进行的比较,从图中可见,TSBF 方法可以以较好的响应效果检测到昆虫细胞的中

心,而 LOG 方法的检测结果受到噪声很大的影响,同样,图像阈值的方法仅能
检测到细胞图像的边缘。

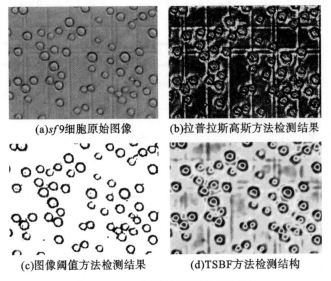

(a)sf9细胞原始图像　　　　(b)拉普拉斯高斯方法检测结果

(c)图像阈值方法检测结果　　　　(d)TSBF方法检测结构

图 3-14　sf9 细胞检测不同方法比较

第4章　神经元细胞三维图像预处理与种子点检测

4.1　引言

近年来相差显微镜、共聚焦显微镜与多光子显微镜的快速发展,使神经元多尺度成像成为可能,神经科学研究人员可以进行许多基于 3D 图像序列的研究工作,如神经突触结构重建、神经纤维的数字拓扑表示以及定量测量等。对于这些神经元图像来说,主要是通过亮视野显微镜或者共聚焦显微镜,借助不同的聚焦平面采集一系列 2D 图像序列,这样神经元的很多生理特征都会通过细胞染色的方式得以呈现。

图像获取设备是影响神经元重建准确性的重要因素,比如点扩散函数引起的模糊边界,背景中气泡或细胞核等不规则结构的干扰以及神经元在前景中的不连续性等。像素/体素级别的图像处理算法可以高效地移除背景噪声、提高信噪比,而且还可以对管状的神经元细胞进行增强,从而极大地提高了重建的性能与准确度。目前,已经提出很多种管状物提取的预处理增强方法,诸如基于血管相似性(Vesselness)的增强技术,基于中线偏移(Offset Medialness)的增强技术以及最近提出的标量投票(Scalar voting)技术。

种子点筛选在基于骨架的神经元细胞重建过程中是非常重要的预处理方法,检测到理想的种子点可以为后续的神经元骨架重建模型提供准确的初始位置。合理的种子点位置处在前景的神经元细胞体内,并且是处在管状物中心线的位置。这些种子点为重建神经元骨架提供充分的信息以便后续的模型能覆盖包括分支在内的所有神经元结构。全局阈值、稀疏网格以及局部极大值搜索等都是目前应用比较广的种子点检测方法,然而全局阈值获得的结果会受到背景噪声的影响,稀疏网格法得到的种子点在处理分支状况的神经细胞时往往会漏掉很多关键信息,局部极大值的检测方法是应用最多的一种,虽然可以检测到所有分支点,然而在神经细胞染色不均匀的状况下,此方法获得的种子点往往产生一定的偏离,这对进一步重建神经元骨架产生很大的影响。

　　本章节首先用 Marc Levoy 的光线投射算法对神经元细胞体数据进行可视化,便于后续操作,随后引入管状滤波(Vesselness filter)增强神经细胞体,在获得的增强图像的基础上计算梯度向量流获得图像的向量场,用于后续 Jacobian 矩阵的计算与神经元重建中初始化开放曲线模型。针对图像体素提出一种新的三维空间滤波,滑动体滤波(Sliding Volume Filter,SVF),用来检测种子点位置,检测的种子点用于后续开放曲线模型重建神经元细胞骨架的初始点。

4.2　数据集预处理

4.2.1　数据集

　　为了验证提出的种子点筛选方法,在整个神经元细胞重建部分主要选择了两类数据集,用来测试种子点筛选方法以及骨架、表面重建方法。果蝇嗅觉神经细胞轴突部分的数据是通过细胞染色在共聚焦显微镜下采集图像序列,该图像序列最初设计是为了对细胞显微图像进行单细胞标记与验证图像配准算法的目的,最近常被用于神经元细胞重建研究。

　　Marc Levoy 的研究小组在 1987 年首次提出一种新的可视化方法,光线投射算法,目前被广泛用于体数据的三维可视化工作中,在本部分研究中,所有神经细胞结构种子点检测与重建均采用光线投射算法进行可视化操作,便于实验结果比对。

4.2.2　管状滤波器(Vesselness)增强

　　管状滤波器(Vesselness)的滤波方法是一类搜索管状物几何结构的算法,Alejandro 等在 1998 年首次提出,该方法是基于 Hessian 矩阵的特征值分析而设计,为了适应不同尺度的管状物结构,特征值分析通常用尺度空间表示方法来实现。

　　根据尺度空间理论,图像 $I(X)(X \in R^D)$ 的尺度空间表示需要用带有高斯核函数的卷积方法计算,对于给定尺度 s 来说:

$$L(X,s) = G(X,s) * I(X),\qquad(4\text{-}1)$$

式中,$G(X,s)$ 代表高斯核函数,具体描述如下:

$$G(X,s) = \frac{1}{(2\pi s^2)^{D/2}} e^{-\frac{\|X\|^2}{2s^2}}, \tag{4-2}$$

求图像 $L(X,s)$ 的尺度空间表示的局部偏导,得到:

$$\frac{\partial}{\partial X} L(X,s) = s^\gamma I(X) * \frac{\partial}{\partial X} G(X,s), \tag{4-3}$$

式中,γ 用于确保在多尺度的情况下微分算子响应值的公平比较,当没有尺度偏好的情况下,γ 值可以设定为单位大小。因此,尺度空间的 $Hessian$ 矩阵(H)就等价于尺度空间表示的梯度的 $Jacobian$ 矩阵,如下:

$$H(X,s) = \begin{vmatrix} \dfrac{\partial L(X,s)}{\partial x_1^2} & \dfrac{\partial L(X,s)}{\partial x_1 \partial x_2} & \cdots & \dfrac{\partial L(X,s)}{\partial x_1 \partial x_D} \\[2mm] \dfrac{\partial L(X,s)}{\partial x_2 \partial x_1} & \dfrac{\partial L(X,s)}{\partial x_2^2} & \cdots & \dfrac{\partial L(X,s)}{\partial x_2 \partial x_D} \\[2mm] \vdots & \vdots & \ddots & \vdots \\[2mm] \dfrac{\partial L(X,s)}{\partial x_D \partial x_1} & \dfrac{\partial L(X,s)}{\partial x_D \partial x_2} & \cdots & \dfrac{\partial L(X,s)}{\partial x_D^2} \end{vmatrix} \tag{4-4}$$

对于 3-D 管状物来说,沿着管状物形状的方向局部强度的变化较小,而在另外的两个方向的正交平面上,强度变化较快。可以利用 H 及特征值来对这种变化进行测量($|\lambda_1| \leqslant |\lambda_2| \leqslant |\lambda_3|$)。例如在暗视野下,呈管状物的神经元细胞结构与背景之间有很明显的界限,这种情况下 H 的特征值 λ_1 相对较小(理想的情况下为 0),并且其特征向量 ev_1 的方向是沿着管状物延伸的方向,同时,另外的两个特征值 λ_2 与 λ_3 幅值较大且均为负,并且这两个特征向量 ev_2 与 ev_3 形成一个与 ev_1 正交的平面。如图 4-1 所示与表 4-1 所列,列出各种结构模式的 Hessian 矩阵的特征向量。

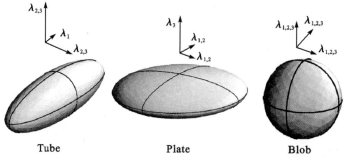

图 4-1 不同结构模式下特征值相关的 Hessian 矩阵,

箭头代表各自 Hessian 矩阵的特征值与特征向量

Frangi 的管状滤波器测量用特征值定义如下：

$$I_v(p) = \begin{cases} 0 & if\ \lambda_2 > 0\ or\ \lambda_3 > 0, \\ \exp\left(-\dfrac{R_A^2}{2\alpha^2}\right)\left(1 - \exp\left(-\dfrac{R_B^2}{2\beta^2}\right)\right)\left(1 - \exp\left(-\dfrac{s^2}{2c^2}\right)\right) & 其他 \end{cases}$$

$$(4\text{-}5)$$

式中，$R_A = |\lambda_1| / \sqrt{|\lambda_2||\lambda_3|}$ 区分团状结构与管状结构，$R_B = |\lambda_2| / |\lambda_3|$ 区分盘状结构，$s = \sqrt{\lambda_1^2 + \lambda_2^2 + \lambda_3^2}$ 用于噪声抑制，参数 α、β、c 分别为控制三项的权重。在本实验中，分别设置为 0.5,0.5 和 10。

管状滤波测量可以在不同的尺度下检测到大小不同的管状物结构，在同一尺度下，滤波响应最大值对应着匹配的管状物区域，最后的将不同尺度下的响应值整合为管状物估计最终结果：

$$I_v = \max_{s_{\min} \leqslant s \leqslant s_{\max}} I_v(s),\qquad (4\text{-}6)$$

式中，$s_{\min}$ 和 $s_{\max}$ 为人工选择的参数来覆盖所有感兴趣的管状物，针对每一个体素来说，选择最高的滤波响应值作为最终输出。

表 4-1　Hessian 矩阵特征值相关的结构模型；'0'代表接近 0 的特征值，'H'与'L'分别代表最高和最低的特征值

λ_1	λ_2	λ_3	Structure Pattern
0	0	0	No noticeable structure
L	L	−H	Plate-like Structure（bright）
L	L	+H	Plate-like Structure（dark）
L	−H	−H	Tubular Structure（bright）
L	+H	+H	Tubular Structure（dark）
−H	−H	−H	Blob-like Structure（bright）
+H	+H	+H	Blob-like Structure（dark）

4.2.3　三维梯度向量流

4.2.3.1　神经元细胞三维图像梯度向量分析

对于神经元细胞来说，其基本结构被定义为空间管状物，空间管状物的空间梯度向量分布如图 4-2 所示。

由图 4-2 可见,这种管状物的梯度向量与图像强度分布与 Kobatake 提出的空间凸型体一致,即梯度向量分布方向指向区域中心,呈中心高于边缘的图像强度分布。图 4-3 为神经细胞纵向剖面图 GVF 分布,可见,神经元细胞在显微图像中可以近似地看作空间管状凸型体结构。

  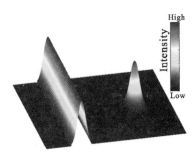

(a)空间管状物 U 型与一型　　(b)空间管状物梯度向量分布　　(c)(b)中图像强度分布

图 4-2　空间管状物

(a)纵剖面　　　　　　　　(b)图(a)局部放大

图 4-3　神经元细胞管状纵剖面梯度向量分布

4.2.3.2　梯度向量流与基于梯度向量流的管状物提取

梯度向量流模型(Gradient Vector Flow,GVF)最初是为了增加活动轮廓模型的捕获范围和处理边界凹陷等问题提出的。在本部分研究中我们选择 GVF 来创建梯度向量,根据空间管状凸型体的结构,这些梯度向量均指向神经元细胞的中心线。

这里我们定义 3-D 空间中 GVF 场为 $V(x,y,z) = (u(x,y,z), v(x,y,z), w(x,y,z))$ 使得最小化如下能量泛函:

$$E = \iiint \mu (|\nabla u|^2 + |\nabla v|^2 + |\nabla w|^2) + |\nabla f|^2 |V - \nabla f|^2 \mathrm{d}x \mathrm{d}y \mathrm{d}z \quad (4\text{-}7)$$

式中，f 通常为一个针对边缘提取的边界图像，这里我们选择直接用原始的 3D 图像序列 I 代替 f 来计算暗视野中指向管状物中心线的梯度向量场。在诸多参数中，参数 μ 相对重要，当图像带有较大噪声的时候，调大 μ 的值可以抵抗一部分噪声。在图像中的背景区域中，由于是暗视野下面采集的图像，$|\nabla f|$ 的值非常小，因此在第二项中整个值接近于 0。整个能量泛函 E 被第一项所主导，这样便能得出一个平滑的梯度向量场。另外，当 $|\nabla f|$ 值很大的情况下，整个第二项在能量泛函中占主导，这将使得 V 接近梯度 ∇f。

求公式 4-7 中的能量泛函可利用下列欧拉方程进行：

$$\mu \nabla^2 u - (u - I_x)(I_x^2 + I_y^2 + I_z^2) = 0$$
$$\mu \nabla^2 v - (v - I_y)(I_x^2 + I_y^2 + I_z^2) = 0$$
$$\mu \nabla^2 w - (w - I_z)(I_x^2 + I_y^2 + I_z^2) = 0 \quad (4\text{-}8)$$

解这个欧拉方程可以通过引入一个人工的时间变量来解决，这可以使得 u、v、w 三个分量随时间动态变化，具体过程如下：

$$u_t(x,y,z,t) = \mu \nabla^2 u(x,y,z,t) - (u(x,y,z,t) - I_x)|\nabla I(x,y,z)|^2$$
$$v_t(x,y,z,t) = \mu \nabla^2 v(x,y,z,t) - (v(x,y,z,t) - I_y)|\nabla I(x,y,z)|^2$$
$$w_t(x,y,z,t) = \mu \nabla^2 w(x,y,z,t) - (w(x,y,z,t) - I_z)|\nabla I(x,y,z)|^2$$

$$(4\text{-}9)$$

u、v、w 根据下列公式进行迭代估计：

$$u(x,y,z,t) = u(x,y,z,t-1) + \mu \nabla^2 u(x,y,z,t-1) - (u(x,y,z,t) - I_x)$$
$$|\nabla I(x,y,z)|^2$$
$$v(x,y,z,t) = v(x,y,z,t-1) + \mu \nabla^2 v(x,y,z,t-1) - (v(x,y,z,t) - I_y)$$
$$|\nabla I(x,y,z)|^2$$
$$w(x,y,z,t) = w(x,y,z,t-1) + \mu \nabla^2 w(x,y,z,t-1) - (w(x,y,z,t) - I_z)$$
$$|\nabla I(x,y,z)|^2$$

$$(4\text{-}10)$$

当 $t \to \infty$ 时的稳定解即为欧拉方程 4-8 的解。

GVF 在开放曲线模型中是用外力来使得曲线沿着神经元细胞的嵴线运动，这个特性代替了在尺度空间表示时的尺度选择问题。此外，GVF 还可以避免曲线在延伸过程中的轮廓泄露问题，从而避免延伸到神经元细胞旁边的结构中。

　　传统的管状物结构分析通常基于 Hessian 矩阵进行分析图像尺度空间表示的二阶统计学特性来实现,这里我们选择对管状物结构分析的 GVF 获得的 Jacobian 矩阵应用特征系统分析。如根据公式 4-7 在图像 I 中计算的 3D GVF 场,我们定义 $\nabla \mathbf{I}_{GVF} = (u(p), v(p), w(p))^{T}$,那么 Jacobian 矩阵为

$$\mathbf{J(p)} = \begin{pmatrix} u_x(p) & u_y(p) & u_z(p) \\ v_x(p) & v_y(p) & v_z(p) \\ w_x(p) & w_y(p) & w_z(p) \end{pmatrix} \tag{4-11}$$

　　从 Jacobian 矩阵中计算得到的特征值 $|\lambda_1| \leqslant |\lambda_2| \leqslant |\lambda_3|$ 分别对应三个特征向量 ev_1、ev_2、ev_3 用于结构分析。对于暗视野显微镜下拍摄的神经元细胞图像序列中的神经细胞体来说,当 λ_2 与 λ_3 均为负值且为大幅值的时候,特征值 λ_1 的值就变得非常小。我们在整个图像中逐个体素计算管状物测量图像 I_v (p),得到的管状物滤波后的图像用于后续种子点筛选。

4.3　基于滑动体滤波的神经元细胞种子点检测方法

　　基于骨架方式的神经元细胞重建过程中,种子点检测是非常关键的一个步骤,处在理想位置的种子点可以确保骨架重建的准确性,Aylward 和 Byllitt 提出的方法是在神经元细胞的管状细胞体横截面上面寻找一个局部极大值来作为种子点,这种方法虽然一直被人们沿用,但是针对噪声以及信号衰减的情况时便不能达到满意的程度。另外,全局阈值也是用来作为种子点筛选的方法之一,此种方法虽然快速高效,但受噪声影响较大。为了提高种子点检测的效率以及更好地为神经细胞骨架重建模型选择合适的初始点,本部分研究中提出了一种新的基于三维图像滤波的种子点筛选方法,滑动体滤波(Sliding Volume Filter,SVF)。该方法是基于 2D 滑动带滤波器设计,将其支持空间扩展到三维空间中,便形成了滑动体,利用该方法对圆型凸型区域及管状凸型区域增强的作用检测神经元细胞种子点。

　　如图 4-4 所示,为本部分研究的技术路线方案,我们按照传统的种子点筛选方式设计实验,首先将输入的图像体数据计算三维梯度向量流场,随后分别计算血管相似性滤波之后图像的二阶与三阶导数,用以计算 Hessian 矩阵与 Jacobian 矩阵,在此基础上进行管状物相似性计算,获得的图像来进行种子点筛选,为后续神经细胞骨架重建提供初始点。

图像序列

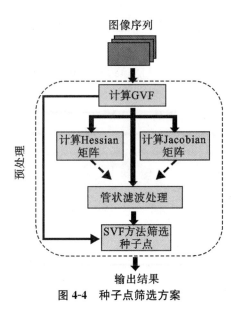

图 4-4　种子点筛选方案

4.3.1　空间收敛指数

我们在第二章已经介绍了 2D 收敛指数以及 2D 滑动带滤波器,在这里,针对 3D 空间管状物的管状凸型体结构,将 2D 收敛指数扩展到 3D 空间,提出空间收敛指数(Spatial Convergence Index,SCI)。

如图 4-5 所示,对于 O 点是 3D 体数据中一个体素,其空间坐标为 $O(x,y,z)$,以 O 为圆心划定 R 为一个半径为 r 的球型支持空间,P 点为 R 中区别于 O 的另外一点,P 对于 O 的相对坐标为 $P(i,j,k)$,φ 是 P 点梯度向量方向与 OP 连接线之间的夹角,O 点的 SCI 有如下定义:

$$\text{SCI}_P = \cos\varphi(i,j,k) \qquad (4\text{-}12)$$

这样,在支持空间 R 中,O 点的 SCI 计算如下:

$$\text{SCI}_O = \frac{1}{N}\sum_{P \in R}(\cos\varphi(i_P, j_P, k_P)) \qquad (4\text{-}13)$$

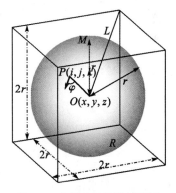

图 4-5　空间收敛指数示意图

式中,点 $P(i_P, j_P, k_P)$ 是在支持空间 R 中除 O 以外的所有点的集合。

4.3.2　滑动体滤波器

Kabotate 的研究小组针对 2D 图像中的圆型凸区域与管状凸区域分别提出

一个 2D 收敛指数滤波器,并成功应用在乳腺肿块的检测,基于收敛指数滤波,Quelhas 提出了滑动带滤波器应用在果蝇卵巢细胞的检测与分割,并取得了很好的结果。在第一章我们应用 SBF 对高密度视网膜细胞进行计数,获得的结果接近真实手工方式计数,第二章中我们基于血球计数板方法应用 TSBF 对昆虫细胞进行检测与计数,并辅助提高了 BEVS 的工作效率。

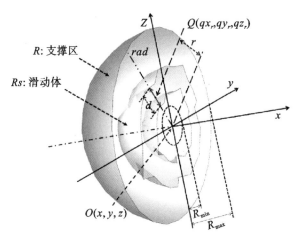

图 4-6 滑动体滤波器 $y-z$ 截面示意图

基于上述研究结论,在本部分研究中,我们在之前的工作基础之上,将 2D 滑动带滤波器扩展到三维空间,提出了一个新的基于 3D 体数据体素的空间域滤波方法,滑动体滤波(Sliding Volume Filter,SVF),借助该滑动体滤波器增强空间管状物来进行神经元细胞重建过程中的一个重要的步骤,种子点检测工作。

如图 4-6 所示,为一个 $x-z$ 平面的 SVF 示意图,在支持空间 R 中的一点体素 O,在支持空间中,有一个宽度为 d 的不规则区域,称之为滑动体,其截面就是一个 2D 的滑动带滤波模式,整个 O 点的 SVF 计算如下:

$$\mathrm{SVF}(x,y,z) = \frac{1}{M} \sum_{Q \in Rs} \max_{R_{\min} < r < R_{\max}} \left(\frac{1}{d} \sum_{r \in d} \mathrm{SCI}(qx_r, qy_r, qz_r) \right) \quad (4\text{-}14)$$

式中,

$$\mathrm{SCI}(qx_r, qy_r, qz_r) = \cos\varphi(qx_r, qy_r, qz_r) \quad (4\text{-}15)$$

参照空间收敛指数家族中计算支持空间的方法,我们将 SVF 的计算过程中支持空间 R 缩减为过 O 的 M 个截面,每个截面从 O 点释放出的 N 条半径,这样 M 个截面且每个截面带有 P_N 条半径这样的区域构成了新的支持空间,随后

SVF 表示如下：

$$\mathrm{SVF}(x,y,z) = \frac{1}{M*P_n} \sum\nolimits_{s=0}^{M} \sum\nolimits_{rad=1}^{P_n} \max_{R_{\max}<r<R_{\min}} \left(\frac{1}{V_t+1} \sum\nolimits_{r-\langle V_t/2\rangle}^{r+\langle V_t/2\rangle} \mathrm{SCI}_{\infty}(qx_r,qy_r,qz_r) \right)$$

$$(4\text{-}16)$$

式中，SCI_{∞} 根据公式 4-13 计算，V_t 是滑动体的厚度。我们将此滤波用于经过预处理的神经元细胞体数据，来检测种子点。

4.3.3　种子点筛选

通常在理想的情况下，种子点所处的位置一般应该在前景中，即位于神经元细胞体中，并且种子点的位置恰巧在管状物横截面的中心点附近。由于种子点是用于后续重建神经元骨架的重要起始点，当有分叉结构存在的时候，每个枝杈位置至少检测到一个种子点，这样才能保证重建骨架的完整性。因此，一个理想的种子点筛选方法就是所筛选的点均处在管状体内部，而且保证每个分叉都能检测到。

本部分中，首先用管状滤波预处理图像，随后经过 SVF 滤波之后，我们获得了一系列滤波响应的原始点，但是这类关键点并不是最终的种子点，而需要进一步筛选精简，在这里我们选择 Aylward 定义的嵴准则来进行筛选。

$$ev_2(p) \cdot \nabla \mathbf{I}_{\mathrm{GVF}}(\mathbf{p}) = 0 \qquad (4\text{-}17)$$

$$ev_3(p) \cdot \nabla \mathbf{I}_{\mathrm{GVF}}(\mathbf{p}) = 0 \qquad (4\text{-}18)$$

式中，I 表示神经细胞图像序列的体数据，$\nabla \mathbf{I}_{\mathrm{GVF}}(\mathbf{p})$ 表示在体数据 I 中 p 点的梯度向量，从图像 I 中计算出 Jacobian 矩阵，算得到其特征值 $|\lambda_1| \leqslant |\lambda_2| \leqslant |\lambda_3|$ 分别对应三个特征向量 $\mathbf{ev_1}$、$\mathbf{ev_2}$、$\mathbf{ev_3}$，其中 $\mathbf{ev_2}(\mathbf{p})$，$\mathbf{ev_3}(\mathbf{p})$ 分别代表不同于脊线方向的两个正交的特征向量。

经 SVF 滤波获得的种子点经过在与 GVF 正交方向上面沿着嵴线进行筛选，这样可以确保种子点集中在管状物的中心线上，筛选标准如公式 4-17、公式 4-18。

4.4　实验结果与分析

4.4.1　图像可视化及预处理结果

本部分研究的所有操作均在 3D 体数据中进行，因此，首先对图像序列数据进行可视化操作,如图 4-7、图 4-8 所示,为两组数据可视化结果展示。

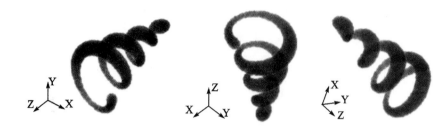

图 4-7 螺旋管状物测试体数据可视化结果

图 4-8 果蝇嗅觉神经细胞轴突部分可视化结果

借助光线投射算法分别将数据集进行可视化,由于本研究中所选择的实验数据对精度及可视化效果没有特殊要求,故采用基本的参数设置使得体数据可视化呈现出来即可。图 4-7 与图 4-8 分别从不同的角度展示了测试数据与果蝇嗅觉神经细胞轴突部分的可视化结果。

针对原始采集的图像来说,自身存在一定的噪声,管状物相似性滤波可以在一定程度上消除噪声对图像结果的影响,因此我们在对图像进行种子点筛选之前对原始图像进行滤波操作,图 4-9 与图 4-10 为通过图像滤波之后测试数据与果蝇嗅觉神经细胞轴突部分的图像叠加结果。

(a)原始图像　　　　　　　(b)滤波处理结果

图 4-9 螺旋测试数据经管状滤波处理结果

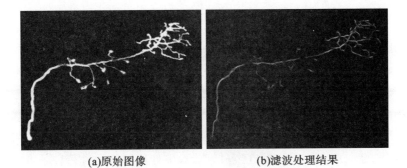

(a)原始图像　　　　　　　　(b)滤波处理结果

图 4-10　果蝇嗅觉神经细胞轴突图像经管状滤波处理结果

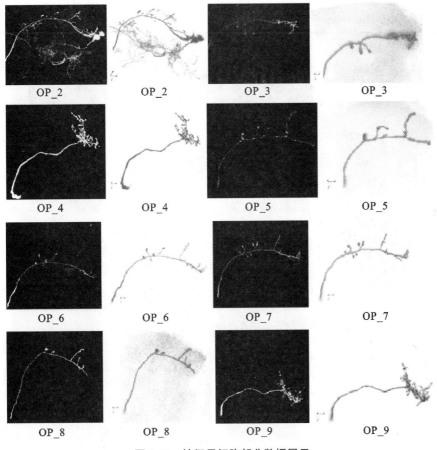

図 4-11　神经元细胞部分数据展示

4.4.2　种子点筛选结果比较与分析

在所有细胞关键点检测的方法中,局部 LoG 阈值方法与全局阈值方法是应用比较广泛的两种,LoG 阈值方法曾经用作高密度细胞检测,在 3D 体数据中 Wang 等在其系统中将 3D 图像序列分别经 LoG 滤波逐层处理,随后选择滤波响应局部极大值为种子点。另外一个是 Gonzalez 选择的通过在 3D 空间中选择局部图像强度极大值点作为种子点。在本部分研究中,我们提出了一种新的基于 SVF 的种子点筛选方法,在经过管状滤波处理基础上进行种子点检测,针对 OP_1 图像来说,SVF 的参数设置如下:$M=32, P_n=32, V_t=8, R_{min}=10,$ $R_{max}=30$。其余预处理参数参照 Wang 等的方法设置。

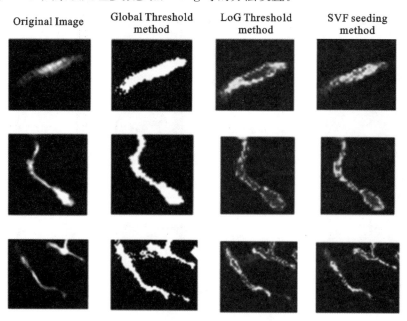

图 4-12　种子点筛选方法增强效果比较

表 4-1　测试数据种子点检测数量比较结果

	检测到的种子点	前景中的种子点数	背景中的种子点数
全局阈值法	37	35	2
LoG 阈值法	33	35	2
SVF 法	39	39	0

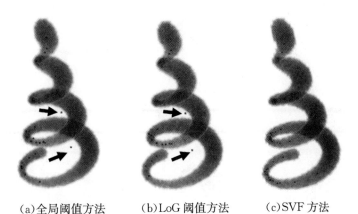

(a)全局阈值方法　　　(b)LoG 阈值方法　　　(c)SVF 方法

图 4-13　种子点检测方法比较

　　如图 4-12 所示,我们在经过滤波处理后的其中一个截面的增强效果展示出来,通过比较可见,全局阈值方法可增强神经细胞的整体,其结果带有明显边界,但是对神经细胞体管状物中心线附近增强效果不明显。LoG 阈值方法与SVF 方法两种方法的结果是通过伪彩图像呈现出来,其中蓝色代表滤波响应值较低的点,红色部分代表滤波响应值较高的点,通过比较我们可以看出,LoG 阈值方法虽然可以增强神经细胞内部中心线附近的点,但是其响应值范围较大,并不能满足 4.3 节中理想种子点的要求,而我们提出的 SVF 滤波方法可以有效地增强中线附近的关键点,所得到响应值较大的点符合理想种子点的要求。

　　如图 4-13 所示,在测试数据集上面,我们同时比较了三种方法的优缺点,其中,全局阈值与 LoG 阈值方法分别都检测到了种子点,但是有个别的种子落在背景中,如箭头所示,不符合要求,况且种子点在部分区域聚集程度较大,而SVF 检测到的种子点均在螺旋体中,符合种子点要求,这由于测试数据的图像强度值一些位置较大,导致了部分种子点处在螺旋体边缘区域。数值上面的比较结果如表 4-1 所列。

　　针对真实数据的种子点检测,我们选择经绿色荧光蛋白标记的果蝇嗅觉神经轴突细胞显微图像数据集来进行测试,该数据集包括 9 组数据,如图 4-11 所示,为其余 8 组数据的图像叠加效果与可视化效果图,其中黑背景的为图像叠加结果,白色背景为光线投射算法可视化结果。

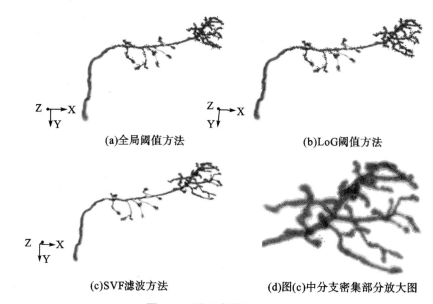

(a)全局阈值方法   (b)LoG阈值方法

(c)SVF滤波方法   (d)图(c)中分支密集部分放大图

图 4-14 种子点筛选方法比较

表 4-2 果蝇嗅觉神经细胞种子点检测数量比较结果

	检测到的种子点	前景中的种子点	背景中的种子点
LoG 阈值法	1 909	1 763	136
全局阈值法	1 829	1 704	125
SVF 法	427	419	8

由于真实数据的图像背景噪声较大,干扰明显,在经过管状滤波提取后,我们针对滤波相应的输出图像对其进行二值化,得到一个神经元细胞管状物的边界,在种子点检测过程中,仅搜索管状物边界附近区域,这样保证了检测到的种子点以最大可能性位于神经细胞体内。

在种子点筛选有效性来说,我们将不同的方法进行比较,如图 4-14 所示,其中在图 4-15(a)与(b)中显示全局阈值方法与 LoG 阈值方法的结果,结合表 4-2 中的检测种子点个数的结果,虽然这两个方法检测到的种子点数量远远大于 SVF 方法获得的种子点,但是这些种子点的位置大多数都是处于神经元管状细胞的边缘,而不是位于中线附近,我们提出的 SVF 滤波的方法检测到的种子点少于另外两种方法,但获得的种子点多数满足种子点位置的要求,从放大的图像可见,大部分分支结构中均有检测到的种子点存在。

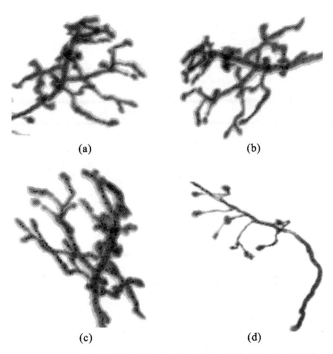

(a)(b)和(c)分别是从不同角度展示分支部分种子点检测结
果；(d)为轴突部分种子点检测结果

图 4-15　OP_1 SVF 种子点检测结果(多个视角)

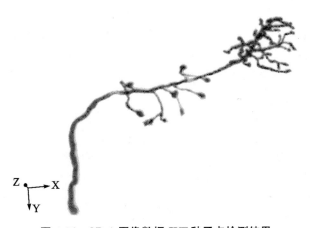

图 4-16　OP_1 图像数据 SVF 种子点检测结果

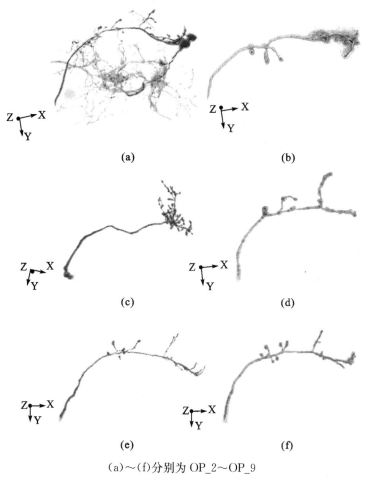

(a)~(f)分别为 OP_2~OP_9

图 4-17   SVF 方法对 OP 数据种子点检测结果

如表 4-2 所列,LoG 阈值方法与全局阈值检测的种子点数量较多,是由于获得图像的背景噪声较大,在神经细胞体周边的干扰较为强烈,因此位于背景中的种子点大多数都靠近细胞体边缘部分。在 SVF 的种子点检测过程中,由于 SVF 对管状凸区域中心的增强作用,筛选到的局部极值均位于管状物内部靠近嵴线。应用脊准则再次筛选并多次沿着正交梯度向量场方向多次迭代后,结果如图 4-16 所示,位 OP_1 数据的种子点检测结果,其他数据的最终结果见图 4-17。

如图 4-17,(a)~(f)分别为应用 SVF 方法筛选种子点所获得的结果,在所有带有分支结构的神经元细胞中,SVF 方法均检测到了相应位置的种子点,我们通过人工统计的方法,将这些结果以数值的形式做比较,结果见表 4-3。

表 4-3　种子点检测数值比较

图像	检测到的种子数	前景之外个数	分支中种子数	空白分支数
OP_1	206	0	35	2
OP_2	228	0	29	12
OP_3	71	0	12	1
OP_4	108	1	10	2
OP_5	29	0	10	3
OP_6	116	0	11	1
OP_7	68	0	13	1
OP_8	124	0	6	0
OP_9	178	0	31	9

第 5 章　基于骨架的神经元细胞
解剖结构重建

5.1　引言

在放射医学与神经科学研究领域中,深入研究神经细胞在不同生物层面的功能可以为揭示大脑如何通过神经系统来控制生物不同时期的生理特性奠定基础。这些工作主要集中在研究神经细胞生理特性、构建神经网络以及神经网络信号传导建模仿真等方面。其中,神经细胞的生理功能是整个神经网络得以实现的基本单位,揭示神经细胞在其活跃状态的解剖结构是细胞生理功能仿真的关键。

神经元解剖结构的重建是在神经科学研究领域中非常重要的一个方向,其中包括对神经元细胞骨架的重建、神经元细胞半径估计和神经元细胞体表面重建及可视化等,早在 20 世纪中期神经细胞重建的工作就倍受关注。近年来随着显微镜技术的进步,基于神经细胞的高通量定量筛选工作可以在非常精确的尺度内完成,同时,在神经科学的各个研究领域内,通过在显微镜下采集的图像及图像序列对神经细胞内部进度定量研究已经逐渐被人们所关注,此外,重建神经元细胞的骨架结构也是建立在定量研究基础上必要的一个步骤。

神经元骨架的重建是解剖结构重建的基础,构建完整骨架以及准确的半径才能获得准确的解剖结构,在第一章我们已经综述了诸多骨架重建方法,其中,基于活动曲线的方法在神经元骨架重建的领域中备受关注,该方法最初是用来对 2D 图像进行分割以及 3D 体数据的曲面构建,近几年才开始应用于神经元细胞骨架的重建,Schmitt 提出的活动轮廓方法的初始化是基于一系列带有半径参数的 4D 连续种子点,随后选择带有中线偏移量的外部能量函数来确保曲线的延展,但是此种方法需要手工设定分支点、初始点与结束点。Vasilkoski 等在此基础之上提出了一种优化准则,使最终的骨架收敛靠近峭线位置。目前

Wang 等提出的活动曲线模型在骨架重建领域有着非常广泛的应用,该方法近似 Schmitt 的活动曲线方法,并在重建骨架之后,对神经元细胞半径进行估计。本书是基于 Wang 的模型来构建完整的神经元骨架。

此外,准确的神经元细胞半径估计可以为后续完整的神经元解剖结构重建提供数值上的支持,Wang 提出了一种基于圆环型的半径估计方法来辅助重建并且获得了相对比较满意的结果。目前此种方法的应用仍然比较广泛。

本部分研究内容是基于上一章种子点筛选方法,根据 Wang 等提出的曲线模型,引入一种新的外部能量函数来演化活动曲线,从而重建神经元细胞的基础骨架。在重建骨架的基础上,提出一种基于 2D 滑动带的方式估计神经细胞半径,使得所获的结果接近神经细胞真实半径轮廓。

本章的具体内容如下:首先描述传统的活动曲线模型以及半径估计方式;然后在此基础上,在模型中引入一种新的外部能量函数来演化曲线;随后提出 2D 滑动带细胞半径估计方法;最后为了更全面地展示提出的方法,与开放曲线模型做比较。

5.2　活动轮廓模型概述

活动轮廓模型(Active Contour Model)又叫 Snake 模型,在图像处理领域是非常经典的方法,该方法可在图像中以数学模型的方式来描述物体的边界,自被提出以来,一直被研究人员所关注。作为一种边界描述的方法,经过多年的研究与发展,活动轮廓模型已经有很多衍生的方式,并且在图像分析、计算机视觉和医学图像处理领域有着非常广泛的应用,这包括图像分割、运动追踪以及图像配准等。

在这一部分,我们首先简单介绍一下传统的 2D 活动轮廓模型及其扩展应用,随后简单介绍活动曲线模型,该模型首次将 2D 活动轮廓模型扩展至 3D 空间。

5.2.1　2D 活动轮廓模型

2D 活动轮廓模型最早用于图像边界描述,传统的活动轮廓是一个闭合曲线,定义为 $X(s)=[x(s),y(s)], s\in[0,1]$,这个曲线通过图像的空间域移动,使得如下能量泛函最小化:

$$E = \int_0^1 \frac{1}{2} \left(\alpha \, |X'(s)|^2 + \beta \, |X''(s)|^2 \right) + E_{\text{ext}}(X(s)) \, \mathrm{d}s \qquad (5\text{-}1)$$

式中，α 与 β 分别为控制曲线刚性与弹性的权重参数，$X'(s)$ 与 $X''(s)$ 是 $X(s)$ 关于 s 的一阶与二阶偏导。其中外部能量函数 E_{ext} 是从图像直接衍生出的能量泛函，因此在像图像边缘等这种我们感兴趣的区域附近的时候 E_{ext} 的值变得非常小。这样给定一个灰度图像 $I(x,y)$，可以看做是轮廓位置变量 (x,y) 的一个函数，一般来说外部能量函数的设计都是为了确保活动轮廓可以向真正的图像中物体边界收缩或扩张，能量函数设计如下：

$$E_{\text{ext}}^{(1)}(x,y) = -\,|\nabla I(x,y)|^2 \qquad (5\text{-}2)$$

$$E_{\text{ext}}^{(2)}(x,y) = -\,|\nabla(G_\sigma(x,y) * I(x,y))|^2 \qquad (5\text{-}3)$$

式中，$G_\sigma(x,y)$ 是一个标准差为 σ 的 2D 高斯核函数，∇ 是梯度算子。对于暗背景图像中物体轮廓检测来说，外部能量函数就有如下设计

$$E_{\text{ext}}^{(3)}(x,y) = I(x,y) \qquad (5\text{-}4)$$

$$E_{\text{ext}}^{(4)}(x,y) = G_\sigma(x,y) * I(x,y) \qquad (5\text{-}5)$$

从公式里面可以看出，如果高斯核函数的标准差增大很容易引起边界模糊，这样的标准差设计可以增大模型对图像的捕获区域，在很多实验中是很必要的。

对于模型来说，寻找使能量泛函 E 最小化的参数曲线 $X(s)$ 可以看做一个变分问题，也就是参数曲线 $X(s)$ 必须满足下列欧拉方程：

$$\alpha X'(s) - \beta X''''(s) - \nabla E_{\text{ext}} = 0 \qquad (5\text{-}6)$$

这样，为了获得可变轮廓的变化，我们可以将公式 5-6 看做下面的力平衡方程：

$$F_{\text{int}} + F_{\text{ext}}^{(P)} = 0 \qquad (5\text{-}7)$$

式中，$F_{\text{int}} = \alpha X''(s) - \beta X''''(s)$，$F_{\text{ext}}^{(P)} = -\nabla E_{\text{ext}}$，在这里当外部能量函数 $F_{\text{ext}}^{(P)}$ 推动曲线向目标边缘收缩或扩张的时候，内部函数 F_{int} 可以保证曲线的曲率和轮廓稳定不变。

欧拉方程 5-6 可以引入一个时间变量 t，使得 X 成为 t 的函数，例如 $X(s, t)$。这样，x 关于 t 的偏导可以表示为如下：

$$X_t(s,t) = \alpha X''(s,t) - \beta X''''(s,t) - \nabla E_{\text{ext}} \qquad (5\text{-}8)$$

这样，当方程 $X_t(s,t)$ 的解达到稳定时，便得到了公式 5-6 的解，关于公式 5-8 的数值解问题，这里不再赘述，详见参考文献。

5.2.2　2D GVF Snake 模型

GVF Snake 是 Xu 和 Prince 提出的一种带有 GVF(Gridient Vector Flow) 外力场的参数活动轮廓模型,类似高斯势能力,GVF 场也是依据图像边缘特征推导出的外力场,其作用范围要比高斯势能力大,这表现在 GVF 场可以充满整个区域,而且还具有双向驱动轮廓线的优势。

在介绍 GVF 之前,首先引入边缘图像这个概念,从图像 $I(x,y)$ 获得的带有边界特征的图像 $f(x,y)$,例如可以用如下公式获得:

$$f(x,y) = -E_{\text{ext}}^{(i)}(x,y) \tag{5-9}$$

式中,$i=1,2,3$ 或 4。边界图像有三个重要的特征:第一,图像边缘的梯度向量均指向边缘位置,并且分布与所处的边缘位置一致;第二,梯度向量只有在紧邻边缘的位置其幅值才达到最大值;第三,图像 I 中相似的区域其灰度值接近,梯度向量接近 0。

这样可以将这些特点整合进 Snake 模型中来设计外力场而使得曲线沿着边缘收缩。第一个特性可以使轮廓线初始化接近图像边界位置,第二个特性使得即使在捕获区域非常小的模型中也可以使轮廓线处在图像边界处,第三个特点是确保在没有图像边缘的区域外立场趋近于 0。在实际应用的过程中第二和第三个特性可以被忽略掉,这里我们只强调第一个特性。

基于上面介绍边缘图像的定义,Xu 等提出的 GVF 场定义如下:令图像 $f = I(x,y)$,$V=(u(x,y),v(x,y))$ 代表图像 f 的 GVF 场,通过极小化下面的能量泛函来求解 V,定义如下:

$$E_{\text{GVF}}(V) = \iint \mu(|\nabla u|^2 + |\nabla v|^2) + |\nabla f|^2 \ |v - \nabla f|^2 \mathrm{d}x\mathrm{d}y \tag{5-10}$$

其中 ∇ 是梯度算子,这个变分公式在没有图像数据的情况下趋于平稳,此时 $|\nabla f|$ 值较小,这时整个能量函数中第二项趋近于 0,当图像中坐标 (x,y) 处在图像边缘时 $|\nabla f|$ 较大,整个公式中第二项占主导,并且整个能量泛函最小化可以通过设定 $v=\nabla f$ 来获得。μ 在这里作为一个调节参数,可以控制在有噪声的情况下减少干扰。

利用变分法,GVF 场可以通过下列欧拉方程求解:

$$\begin{cases} \mu \ \nabla^2 u - (u - f_x)(f_x{}^2 + f_y{}^2) = 0 & \text{(5-11a)} \\ \mu \ \nabla^2 v - (v - f_y)(f_x{}^2 + f_y{}^2) = 0 & \text{(5-11b)} \end{cases}$$

式中,∇^2 为拉普拉斯算子,解法及实现过程见参考文献。

5.2.3　3D 可变曲面模型

作为第一个将活动轮廓模型扩展到三维空间,3D 可变曲面最早是用来重建人大脑灰质表面的一个方法,其基本原理与 2D 活动曲线类似:活动曲面表示为 $X(u)=[x(u),y(u),z(u)],u=(u^1,u^2)\in[0,1]\times[0,1]$,该曲面沿着空间域 3D 图像,使得如下能量泛函最小化:

$$E=\int \frac{1}{2}(\alpha \sum_{i=1}^{2}|X_i|^2+\beta \sum_{i,j=1}^{2}|X_{ij}|^2)+E_{\text{ext}}(X)\mathrm{d}u \qquad (5\text{-}12)$$

式中,α 与 β 分别为控制活动曲面张力与弹性的权重参数来控制曲面的收缩与弯曲。X_i 与 X_{ij} 分别为 X 关于 u^i 的一阶与二阶偏导,E_{ext} 是整个能量泛函的外部能量函数,分析方式与 2D 的方法类似。同样,这个能量泛函可通过寻找下列动态方程稳定状态解最小化:

$$X_t=F_{\text{int}}+F_{\text{ext}} \qquad (5\text{-}13)$$

上式中内部能量函数 $F_{\text{int}}=\alpha \nabla_u^2 X-\beta \nabla_u^2(\nabla_u^2 X)$,外部能量函数为 $F_{\text{ext}}=-\nabla E_{\text{ext}}(X)$,其中$\nabla_u^2=\frac{\partial^2}{(\partial_u{}^1)^2}+\frac{\partial^2}{(\partial_u{}^2)^2}$为拉普拉斯算子。

5.2.4　开放曲线模型

开放曲线模型(Open Curve Snake)是由 Li 等 2009 年提出的一种新的 3D 模型,主要是用于神经纤维的追踪。在这个模型中,Li 提出了一个加强力的外部能量函数,用来控制曲线的开始与终止来准确追踪神经纤维的长度。Wang 等应用此模型对神经细胞 OP 数据进行重建。

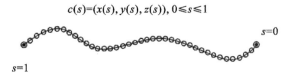

$$c(s)=(x(s),y(s),z(s)),\, 0\leqslant s\leqslant 1$$

图 5-1　活动曲线模型

如图 5-1 所示,开放曲线模型是一个参数化的曲线 $c(s)=(x(s),y(s),z(s)),s\in[0,1]$,与 2D 活动轮廓模型类似,此模型的目的是使下面能量泛函最小化:

$$E_{\text{snake}}=\int_0^1 E_{\text{int}}(c(s))+E_{\text{ext}}(c(s))\mathrm{d}s \qquad (5\text{-}14)$$

式中，$E_{int}(c(s))$ 与 $E_{ext}(c(s))$ 分别代表内部能量函数与外部能量函数，其中第一项内部能量函数限制曲线的规则程度，有如下定义：

$$E_{int}(c(s)) = \frac{1}{2}(\alpha(s)\,|\,c_s(s)\,|^2 + \beta(s)\,|\,c_{ss}(s)\,|^2) \tag{5-15}$$

同样，内部能量函数由两个参数控制，各自负责曲线的弹性与刚性，如图 5-1 所示，通常情况下，我们经常设置 $\alpha(s)$ 为 0，同时为了确定活动曲线的边界调件，在 $s=0$ 时与 $s=1$ 时分别设置 $\beta(s)$ 为 0。外部能量函数 $E_{ext}(c(s))$ 有种形式，比如三维高斯势能力，GVF 外力等等。

5.3　SVF 外力场开放曲线模型与神经元细胞骨架重建

5.3.1　模型设计

基于前面介绍的经典开放曲线模型，以及 Wang 等提出的 GVF 外力场开发曲线模型，在本部分研究中，我们提出一种新的外力场，来辅助神经元解剖结构骨架重建工作，模型具体如下描述，对于整个活动曲线来说，可以被参数化为 $X(s)=(x(s),y(s),z(s)),s\in[0,1]$，最终的开放曲线可以通过最小化下面能量泛函来获得：

$$E_{Total} = \int_0^1 E_{int}(X(s)) + E_{ext}(X(s))\mathrm{d}s \tag{5-16}$$

式中，$E_{int}(X(s))$ 按照公式 5-3 设计，选择传统的内部能量函数设计：

$$E_{int}(X(s)) = \frac{1}{2}(\alpha\,|\,X'(s)\,|^2 + \beta\,|\,X''(s)\,|^2) \tag{5-17}$$

式中，α 与 β 分别为控制曲线张力与弹性的权重参数，$X'(s)$ 与 $X''(s)$ 是 $X(s)$ 关于 s 的一阶与二阶偏导。整个 Snake 能量泛函可以用欧拉最优化策略与动态规划方法来获得，在本书中，我们选择欧拉最优化策略来处理这个问题。

在变分策略中，通过解下面的欧拉方程来获得(5-4)中最小化的能量泛函：

$$\alpha X''(s) - \beta X''''(s) - \nabla E_{ext} = 0 \tag{5-18}$$

公式 5-18 中，前面两项可以看做是内部力场 F_{int}，$-\nabla E_{ext}$ 可以看做外部力场 F_{ext}，其中内部力场 F_{int} 可以通过有限差分方法进行估计：

$$F_{\text{int}}(i) = \alpha_{i+1}(p_{i+1}-p_i) - \alpha_i(p_i-p_{i-1}) - \beta_{i-1}(p_{i-2}-2p_{i-1}+p_i) +$$
$$2\beta_i(p_{i-1}-2p_i+p_{i+1}) - \beta_{i+1}(p_i-2p_{i+1}+p_{i+2})$$

$$(5\text{-}19)$$

式中，$p_i = (x_i, y_i, z_i)$ 是位于整个曲线上面的第 i 个点，因此，公式 5-6 可以写成下面矩阵的形式：

$$AP + F_{\text{ext}} = 0 \tag{5-20}$$

式中，A 是 $N \times N$ 的对角矩阵，其第 i 行为 $(0_1, \cdots, 0_{i-3}, -\beta_{i-1}, \alpha_i+2\beta_{i-1}+2\beta_i, -\alpha_i-\beta_{i-1}-4\beta_i-\beta_{i+1}-\alpha_{i+1}, \alpha_{i+1}+2\beta_i+2\beta_{i+1}, -\beta_{i+1}, 0_{i+3}, \cdots, 0_N)$。$P$ 是一个 $N \times 3$ 的矩阵，第 i 行即曲线上面的第 i 个点。

对于公式 5-4 中的外力场来说，并不像内力场的形式始终保持固定，有多种设计形式来实现外力场针对不同图像特征的要求，比如外力场可以写成势能函数的负正交梯度形式，在我们的 3D-SEF 开放曲线模型的外力场中，我们基于 Wang 等的带有限制力的外力场基础上，引入 SEF(SVF External Force)外力，详见如下公式：

$$F_{\text{ext}} = F_{\text{Drive}} + kF_{\text{cons}} \tag{5-21}$$

式中，$F_{\text{Drive}} = \nabla \hat{I}_{SGVF}(x(s), y(s), z(s))$ 为 SVF 增强的图像的正交 GVF，在这里我们选择经 SVF 滤波增强图像的 GVF 作为整个外部驱动力，由于 SVF 对管状凸区域有很大的增强作用，经 SVF 滤波图像后，管状物的嵴线得到不同程度的增强，此时计算 GVF 得到的结果会增强管状物内部各个点梯度向量流的方向更趋向于嵴线，缩小了活动曲线的捕获范围，结果会使整个曲线沿着更加靠近真实染色后神经细胞内嵴线的位置演化。对于外力场中 F_{cons} 部分，我们采取 Wang 的模型外力场中对外力限制的部分，其描述如下：

$$F_{\text{cons}} = \begin{cases} (1-\delta)(\dfrac{X'(s)}{\| X'(s) \|}) + \delta(sign(\dfrac{X'(s)}{\| X'(s) \|} \cdot ev_1)ev_1) & s=1 \\\\ (1-\delta)(\dfrac{X'(s)}{\| X'(s) \|}) + \delta(sign(\dfrac{X'(s)}{\| X'(s) \|} \cdot ev_1)ev_1) & s=0 \\\\ 0 & \text{other} \end{cases}$$

$$(5\text{-}22)$$

这个外力场是一个动量力 $\pm\dfrac{X'(s)}{\|X'(s)\|}$（在活动曲线的两端为正切方向）和 Jacobian 矩阵主方向的一个混合。$\delta\in[0,1]$ 作为权重参数来控制这两项之间的权重关系。定义在曲线两端时，F_{cons} 取非零值，曲线其余的部分 $k=0$，这确保曲线的起始位置，这样可以使曲线沿着神经细胞向两端延伸，如图 5-2 所示。

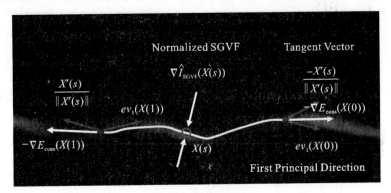

图 5-2　外力场图示

如图 5-2 所示，正交 SGVF 是保证曲线演化到中线的主要驱动力，在曲线两段，限制力部分主要是由一个正切单位向量和 Jacobian 矩阵的第一特征向量的组合，为了确保曲线延伸的方向，第一特征向量需要辅以方向修饰，即与正切单位向量取点积运算。

解方程 5-20 的过程需要人工引入一个时间变量，这样可以确保活动曲线随着时间动态变化：

$$Ax_t+F_{\mathrm{ext}}^{x}(x_{t-1},y_{t-1},z_{t-1})=\gamma(x_t-x_{t-1})$$
$$Ay_t+F_{\mathrm{ext}}^{y}(x_{t-1},y_{t-1},z_{t-1})=\gamma(y_t-y_{t-1})\qquad(5\text{-}23)$$
$$Az_t+F_{\mathrm{ext}}^{z}(x_{t-1},y_{t-1},z_{t-1})=\gamma(z_t-z_{t-1})$$

式中，系数 γ 用来控制步长，γ 越小步长越大。方程 5-23 解法如下：

$$x_t=(^{\gamma}I_{\mathrm{SVF}}-A)-1(\gamma x_{t-1}+F_{\mathrm{ext}}^{x}(x_{t-1},y_{t-1},z_{t-1}))$$
$$y_t=(^{\gamma}I_{\mathrm{SVF}}-A)-1(\gamma y_{t-1}+F_{\mathrm{ext}}^{y}(x_{t-1},y_{t-1},z_{t-1}))\qquad(5\text{-}24)$$
$$z_t=(^{\gamma}I_{\mathrm{SVF}}-A)-1(\gamma z_{t-1}+F_{\mathrm{ext}}^{z}(x_{t-1},y_{t-1},z_{t-1}))$$

当方程 5-24 的解 (x_t,y_t,z_t) 稳定时，方程 5-23 的右侧为 0，这时得到方程的解。整个解方程的过程相当于应用梯度下降算法来寻找一个局部极小值的过程。

5.3.2 重建算法描述

算法 5-1 中描述了提出的 SEF 重建算法,这里我们选择第三章提出的 SVF 方法筛选的种子点作为模型的初始点并按其特点排序,其中估计的背景模型、SGVF 与表示神经细胞骨架走向的第一特征向量提前计算出来。在重建的过程中,在种子点列表中第一个种子点作为起始,在初始化模型的时候,至少选择三个种子点,即单个种子点 (x, y, z) 以及沿着该点的第一特征向量方向上面的两个近邻种子点,即

$$X_0(1) = (x, y, z) + ev_1(x, y, z)$$
$$X_0(0.5) = (x, y, z) \tag{5-25}$$
$$X_0(0) = (x, y, z) - ev_1(x, y, z)$$

算法 5-1 SEF 开放曲线追踪算法

SEF Open Curve Snake Tracing Algorithm

Input: Sorted seeds P_s , Background model (u_B, σ_B), SGVF(GVF of SVF enhanced Image I), first eigenvector ev_1 of the Hessian matrix, Original image I.

Output: Snake List C, Branch points List P_b

Tracing procedure:

While seeds list is not empty.

(a) Chose the first seed point (x, y, z) and remove from the seed list

(b) Initialize one snake model accoriding to (5-13)

(c) Snakes grow:

for t=1 to maximum number (iterations)   do

- Update $X = (x_t(s), y_t(s), z_t(s))$ by (5-12)
- Leakage detection: leakage is detected when one tip of the snake reaches the background (i.e., $I(c(0))$ or $I(c(1))$ is less than $u_B + \sigma_B$), stretch force is disabled for the tip (i.e., $k(0) = 0$ or $k(1) = 0$).
- Branch point detection:
  if one end of $X(s)$ collides with the body of another $X_i(s)$ in the snake list C:
  √ Freeze the end of $X(s)$ by disabling its external force.
  √ Add the collision point to the branch point list P_b.
- Resample the points for every few iterations.

> • Check stopping criteria. If the criteria is satisfied, go to (d).
>
> 　end for
>
> (d) Check validity of the snake $c(s)$. if $c(s)$ is valid
>
> 　• Remove seeds covered by $c(s)$ from the seed list.
>
> 　• Add $c(s)$ to the snake list C.

　　整个曲线随着能量泛函迭代至最小化而延伸,而且在曲线接近图像边缘或者稳定在特定长度的时候收敛至稳定状态,同时选择稳定状态时曲线的长度作为曲线演化结束的标识,可以直观地判断曲线的最终状态。

　　为了避免曲线在演化过程中的轮廓泄露现象,可通过在外力场中的参数 k 来调整,其中设置 $k(0)=0$ 或 $k(1)=0$ 就是为了保证当曲线处在神经细胞与背景边界的时候,可通过变形力驱使曲线向中线移动。此外,在这里我们选择高斯边界模型作为检测轮廓泄露的一种方式,如下:$P_B(I\,|\,u_B,\sigma_B)$ 是均值为 u_B、标准差为 σ_B 的高斯分布函数,当 $I(X(0))<u_B+\sigma_B$ 或 $I(X(1))<u_B+\sigma_B$ 时检测为轮廓泄露点,这里 σ_B 与 u_B 作为通过图像体素而估计出的标准差和均值,而不是根据单个种子点估计获得。在背景与前景模型估计的过程中,我们选择期望最大化算法(EM 算法)来获得最终的背景 $P_B(I\,|\,u_B,\sigma_B)$ 与前景 $P_F(I\,|\,u_F,\sigma_F)$ 模型,当图像强度呈双峰分布时,我们采用高斯混合模型(GMM)来估计 3D 图像的强度值,例如 $P(I)=w_F P_F(I)+w_B P_B(I)$,其中 $w_F+w_B=1$。

　　分支点检测是在神经细胞重建的过程中非常重要的一个工作,准确的分支点可以确保构建精准的神经细胞树突,目前大部分的分支点检测方法已经能够非常准确地检测到分支结构,例如 V. Mohan 的 K-mean 聚类方法、Fridman 的仿射不变角点检测等均在分支点检测上面经常被采用,在本书里,我们选择 Wang 等提出的分支点检测方法,即检测曲线交叉点作为分支点的方法,设定在一条正在延伸的曲线与其他曲线有交叉的情况下,距离延伸曲线最近的点设定为分支点,这样将延伸曲线的一端通过终止外部力场的方式固定。

5.4　基于 2D 滑动带的神经元细胞半径边缘估计

　　半径估计在神经元细胞重建的过程中是一个关键步骤,精确的半径可以为后续定量研究神经元细胞生理结构提供更多量化信息。Alyward、Pork 和 Peng

等的研究小组分别提出了针对重建后神经元细胞的半径估计方法,但是均是假设神经细胞横截面为完整圆型,然而真实的神经细胞横截面是一个不规则的闭合曲线。本书针对这一点,基于前面引入的 2D 滑动带滤波方法提出了一种新的神经元细胞横截面半径估计方法,在圆型的基础之上,我们获得了相对精确的神经细胞横截面界限结构。

5.4.1 传统神经元半径估计方法

Pock 的研究小组提出了一种基于圆型半径的横截面估计方法用于边界测量,该方法的原理是选定重建好的神经细胞骨架上面若干离散的点,根据该点的 Jacobian 矩阵的三个特征向量划分该曲面,其中一个特征向量表示神经元细胞骨架走向,另外两个与骨架正交,这样这个正交平面便于神经细胞有一个横截面,将这个横截面看做一个圆环,圆环的半径大小就是所需要的半径,如图5-3所示。

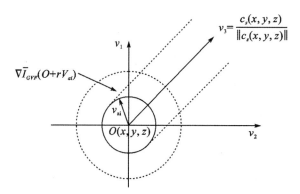

v_3 为位于点 O 的正切向量,v_1、v_2 为定义横截面的两个特征向量

图 5-3 圆型横截面模型

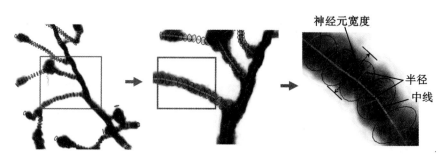

图 5-4 Pock 等提出的圆环型半径估计

如图 5-3 所示,将整个管状物的边缘定义为圆心为 O 边缘为 B 的圆环,整个圆环可用下列公式描述:

$$B(o,r) = \frac{1}{N} \sum_{i=1}^{N} \mathrm{grad}(o+rv_{ai}) \cdot \max(-\overline{\nabla I}_{\mathrm{GVF}}(o+rv_{ai}) \cdot v_{ai},0)$$

$$(5\text{-}26)$$

式中,$v_{ai}=\cos(ai)v1+\sin(ai)v2$ 是骨架曲线上一点 O 在 $v1-v2$ 平面上的径向向量,$\mathrm{grad}(o+rv_{ai})$ 是位于 O 点的体素的灰度梯度幅值,其中半径 r 是在整个 B 上面采样来确定整个 B 的环形边界,在后面的实验中采用 $N=8$ 的设置。

如图 5-4 所示,Pock 等提出的环形半径估计方法获得的结果只是近似估计神经细胞的半径,然而真正的细胞半径并不是完整的圆环,而是一个不规则的闭合曲线。

5.4.2　基于 2D 滑动带的神经元半径估计方法

上节论述的环形半径估计方法是目前应用最多的一类方法,但是此种方法描述的神经元细胞半径轮廓并不准确,只是将其描述为一个圆环,这虽然对后续实验提供了数据上的支持,但是对仿真实验来说,这种估计的半径并不能提供贴近真实参考。本部分研究提出一种基于 2D 滑动带的边缘估计新方法来勾画真实神经细胞的半径轮廓。滑动带模型见第二章滑动带滤波部分。

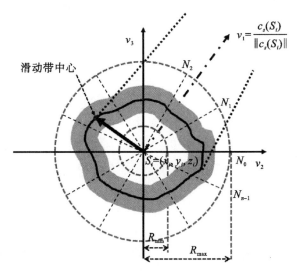

v_1 是 S_i 点活动曲线方向,v_2、v_3 是两个正交特征向量决定的平面

图 5-5　基于 2D 滑动带的半径边缘估计方法示意图

在 Pock 的基础上,我们不是选择圆环作为半径边缘,而是采用一种滑动带的方式来近似模拟边缘轮廓,如图 5-5 所示,定义 B 为轮廓边缘,S 为神经细胞骨架上面的一点,v_1、v_2、v_3 为三个特征向量,其中 v_1 方向为曲线方向,那么整个基于 S 点的边缘可以有如下描述:

$$B(n,r) = \max_{R_{min} < r < R_{max}} \text{SBF}_r^{\,n}(x_r^n, y_r^n, z_r^n) \tag{5-27}$$

式中,

$$\text{SBF}_r^n(x_r^n, y_r^n, z_r^n) = \frac{1}{Bw+1} \sum_{r-Bw}^{r+Bw} \text{SCI}(x_r^n, y_r^n, z_r^n) \tag{5-28}$$

这里 v_1 是在 S 点的 Jacobian 矩阵的主方向,从 S 点释放出的 N 条半径代表着滑动带的支持空间 R,最终边缘的位置处在滑动带中心点的连线处。

$$r^* = \arg\max_{r \in R}(B(n,r)) \tag{5-29}$$

根据公式 5-16,一些离散的半径值在 $[R_{min}, R_{max}]$ 之间检测到,通过连接多个离散点为最终神经细胞的边界。

5.5 基于轮廓线的神经元细胞表面重建

为了更好地展示出神经元的细胞表面细节,在本节中我们采用一种基于轮廓线表面重建的神经元可视化方案来完成整个神经元细胞的解剖结构重建。轮廓线的表面建模方法最早由 Boissonnat 等人引入到生物建模领域,并成功地应用到一些生物模型可视化及建模中。该方法要求输入的数据为平行轮廓线,然而,在一些应用场景中数据的输入为非平行的轮廓线。Liu 等提出的方法改进了平行轮廓线重建算法,能够较好地处理非平行轮廓线的重建问题。根据 Liu 等的描述,在本书中,我们获得的半径边界为非平行的轮廓线,可以用于重建神经元细胞表面的解剖结构。因此本书采用 Liu 的方法构建神经元表面模型。

5.5.1 轮廓线表示

如图 5-5 所示,我们提出了一种基于 2D 滑动带的方法来获得神经细胞横截面半径轮廓,我们将此部分轮廓用作重建神经元细胞表面的初始轮廓线,在计算的过程中,通过由小到大逐一获得不同角度支持半径上面的点作为轮廓线上面有序的点,以获得最终半径边缘轮廓作为轮廓线。由于轮廓的表示方法为点线表示法,图 5-6(a)为位于同一个平面的有序点集,这些点集采用顺时针连接的方式组成的轮廓。表示这些轮廓的方法为点、线和材质。如图 5-6(b)所示,两个顶点之间的线的两边分别赋予不同的材质,用以建模过程中区分内外表面,代表点线所在的平面法相,用于标识一个平面。图 5-6(c)展示了轮廓线的实际输入形式,分别为点、线、左边材质和右边材质。

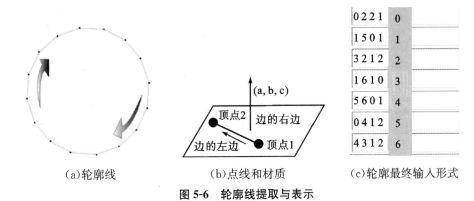

(a)轮廓线　　　　　(b)点线和材质　　　　(c)轮廓最终输入形式

图 5-6　轮廓线提取与表示

5.5.2　神经元细胞表面生成与平滑

整个神经元细胞体表面生成采用 Liu 的轮廓线重建算法,该算法改进了基于 Delaunay 三角化的轮廓插值重建思路。非平行轮廓线重建方法核心思路是构造中间投影面,如图 5-7(a)所示,相邻的两个平行的轮廓线所在的面中间位置构造一个投影面。图 5-7(b)展示了相邻接的面向投影面投影的结果和投影面上点三角化的结果,投影面上的三角化可以产生新的点,这些新的点同样可以用于模型生成。图 5-7(c)展示了邻接的两个面上的轮廓线的建模过程,其中投影面上的三角面片,在模型生成后被移除,保证模型所表示的内外空间的无歧义性。

基于 Delaunay 三角化的轮廓插值建模可以生成初始的生物模型。然而,神经细胞模型具有平滑的表面,本书采用传统的表面弥散流行平滑算法来平滑初始的三维模型,其基本原理是通过移动模型上的顶点达到模型表面曲率的最小值。

$$S(t+r,u,v)=S(t,u,v)+rFN(t,u,v) \tag{5-30}$$

$$P_i^{(k+1)}=P_i^k+t^{(k)}F_i^{(k)}N_i^{(k)} \tag{5-31}$$

公式(5-30)为模型平滑过程的连续化表示,其中 S 表示带平滑的表面,F 控制平滑速度,N 表示表面的法相。模型平滑的离散化表示形式如公式(5-31) 所示,P 表示模型上的顶点,t 控制平滑的速度,N 为顶点的法相。模型上的顶点沿法相方向移动,不断地迭代进行这个计算过程,最终平滑算法收敛,形成相对平滑的模型。在本书的神经元重建应用中,该平滑算法取得较好效果,图 5-7 (c)为神经元轮廓线,图 5-6(d)为轮廓重建的初始结果,图 5-6(e)为采用表面弥散流行平滑算法平滑后的结果。

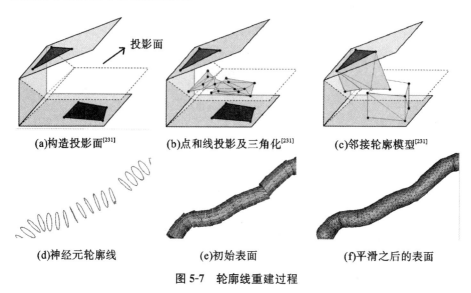

(a)构造投影面[231]　　　(b)点和线投影及三角化[231]　　　(c)邻接轮廓模型[231]

(d)神经元轮廓线　　　(e)初始表面　　　(f)平滑之后的表面

图 5-7　轮廓线重建过程

5.6　实验结果与分析

5.6.1　参数选择

在整个骨架重建与半径估计的过程中,为了同 Wang 提出的开放曲线模型做比较,我们参数的选择部分参照了 Wang 等的设置,在整个过程中一共涉及两类参数,第一类是曲线模型内力场固有参数,比如刚性系数 β 在曲线两端设为 0,在曲线中的点时设为 0.1,此部分参数并不影响最终的重建质量;第二类参数是自行定制,具体参数设置如下:在计算 GVF 过程中,迭代次数根据不同的图像选择 5~35 次迭代,数据结构越复杂对应迭代次数越多;μ 值我们固定为

0.1;活动曲线模型外力场中 k 值取 3,其中,随着 k 值的增大,曲线的延伸速度也随之加快,这样也更容易发生轮廓泄露;γ 值在所有实验中设定为固定值 2;β 值根据点在曲线的位置而变化,在曲线两端时即 $s=0$ 或 $s=1$ 时 $\beta=0$,当 $0<s<1$ 时 $\beta=0.1$。具体设置见表 5-1。

表 5-1　参数选择

参数		取值/范围	说明
GVF 计算	迭代次数	5～35	迭代次数,对于分支较多的图像,迭代次数越多获得的梯度向量越向中线收敛
	μ	0.1	这个值根据不同噪声的图像取值在 0～0.2 范围内,由于要平衡 GVF 能量函数的两项,在本书中取 0.1
SEF-开放曲线模型	k	3	权重系数,平衡外力场的两个部分,该值越大曲线延伸越快但是越容易发生轮廓泄露
	γ	2	控制曲线演化速度,本书中固定为 2
	β	$\beta(s)=0.1$, $0<s<1$	刚性系数,在曲线两端时设置为 0,这个参数在本书中选择固定值

5.6.2　实验结果分析

5.6.2.1　骨架重建结果

神经元细胞骨架重建关键在于对复杂树突部分的重建,这里我们选择两组树突分支比较多的图像数据,如图 5-8(a)(b)为 SEF-开放曲线模型对数 OP_1 重建结果,(c)(d)为对 OP_4 的骨架重建结果,绿色的表示我们提出的方法重建的骨架结构,蓝色为金标准,(a)(c)图为不同角度观察,(b)(d)图为(a)(c)中的分支部分的放大。骨架总长度等数值方面的比较如表 5-2 所列,在骨架重建上面,本书提出的方法略优于传统开放曲线模型。

表 5-2　重建骨架长度比较(长度单位:体素)

数据集	金标准	SEF-开放曲线模型	开放曲线模型
OP_1	1 894.24	1 660.28	1 657.37
OP_4	1 625.54	1 293.47	1 178.69

对于神经元细胞重建来说,图像数据的质量对结果的影响非常大,Wang 的开放曲线模型在抵抗噪声以及点扩散函数方面有很好的优势。在本节研究中,我们采用 SGVF 外力场来缩小活动曲线的捕获范围,使其沿着真实峭线延伸,另外,增强的图像可以提高对不同程度信号衰减图像的重建效果。

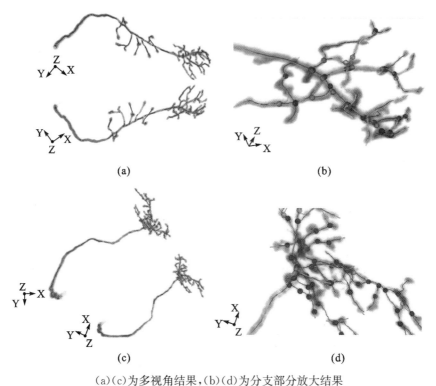

(a)(c)为多视角结果,(b)(d)为分支部分放大结果

图 5-8 OP_1 数据集重建结果与 OP_4 重建结果

如图 5-9 所示,图中 a1~e1 为操作的原始图像,在本部分比较中,我们选择 OP_1 数据对原始图像数据进行一部分信号衰减操作,即减少图像数据的灰度值,我们将图像的信号衰减比例从 10% 增加到 40%,从图 5-9 中可以看出,图像内容有不同程度的部分缺失。a2~e2 是 Wang 等的开放曲线模型重建结果,可见随着图像信号的缺少,在无分叉结构部分重建结果信息丢失较少,在分叉较多的部分,开放曲线模型获得的骨架结构信息丢失较多,并且随着图像信号的减少而逐渐减少,对于我们提出的方法来说,虽然与开放曲线模型有同样的现象,但是在参数设置相同时,我们提出的方法获得的骨架信息要大于开放曲线

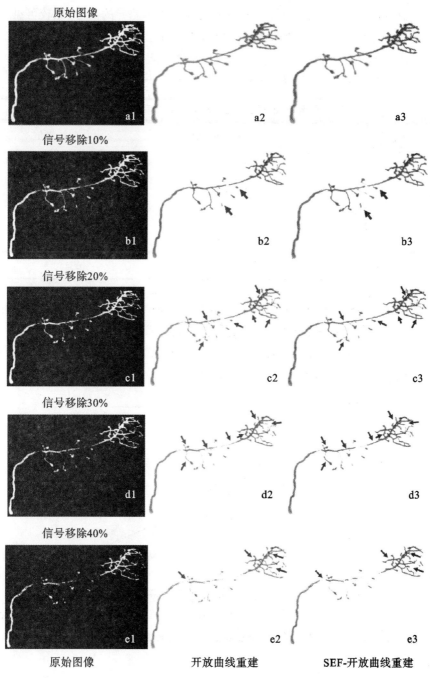

图 5-9　信号衰减图像的重建比较

模型,图中红色箭头标记部分即为两种方法获得骨架差异的部分,比较可见,我们提出的方法在对信号衰减的图像信息捕获上面优于传统的开放曲线模型。表 5-3 是重建骨架长度上面的比较,在重建整体骨架长度方面,我们提出的方法对抗信号衰减方面要优于传统的开放曲线模型。

表 5-3 信号衰减状况下重建骨架长度比较(单位:体素)

图像	SEF-开放曲线模型	开放曲线模型
原始图像	1 660.282 1	1 657.370 6
信号移除 10%	1 441.571 3	1 276.371
信号移除 20%	1 094.567 3	913.176 5
信号移除 30%	886.997 8	647.861 4
信号移除 40%	737.037 2	507.440 9

表 5-3 所展示的是在不同程度信号衰减下,SEF-开放曲线模型与传统的开发曲线模型在重建神经元细胞骨架的总长度比较结果,图 5-10 为骨架曲线长度随信号衰减变化曲线,可见在随信号逐渐衰减至 40% 的时候,SEF-开放曲线模型捕获的骨架长度要高于传统开放曲线模型。

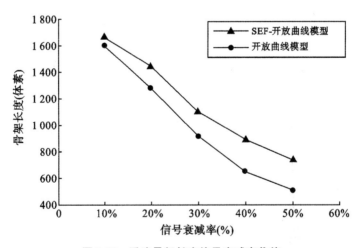

图 5-10 重建骨架长度信号衰减变化值

5.6.2.2　半径边缘估计结果

　　重建骨架之后,在骨架上面选择离散的点对该点的径向截面进行边缘估计,得到的结果如图 5-11 所示,我们测试了基于 SBF 的半径估计方法,根据图像中神经细胞横截面所占体素的数量来选择支持空间与半径大小,这里我们设定神经元细胞真实体素值 $R_{max}=16, R_{min}=4, d=4, N=8$。图 5-12 为图 5-11 中局部结构的放大,蓝色圈所示为半径轮廓边缘线,提出的滑动带方法可以估计出神经细胞半径轮廓线,较传统方法,圆型轮廓线更为精确。但是由于采集图像的分辨率较低(512×512×60),并且神经元细胞体相对整个图像所占面积过小,还不足图像面积的 1/5,并不能显示非常准确的轮廓线,因此我们构建了一个 2D 截面的模式图来说明我们提出方法的准确性。

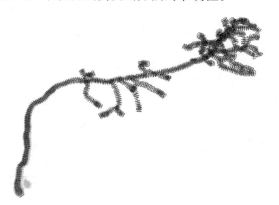

图 5-11　OP_1 数据半径估计结果

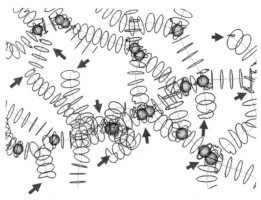

图 5-12　分支部分半径估计结果

为了验证我们提出的半径边界估计方法,人工构建两个测试数据,图 5-13 (a)为近圆型凸区域的图像,图 5-13(c)为椭圆型凸区域的图像,这两个图像分有不规则边界,这样,与神经元细胞的横截面非常相似,所有图中,白色轮廓线为手绘的边界,作为最终边界估计的参考,图像大小为 128×128 像素。

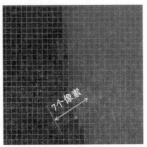

(a)(b)分别为圆型原始图像与对应边宽度

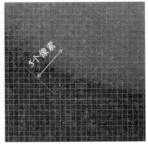

(c)(d)分别为椭圆形原始图像与对应边缘宽度

图 5-13　原始图像与边界宽度

经过活动曲线模型重建骨架后,直接选择骨架上面的点作为中心点,测试图像代表横截面,这里我们人工选择图像中灰度值最高的点为中心,用本书提出的滑动带方法进行边界估计。图 5-13(a)的圆型图像中,距离我们选择中心点最远的边缘距离 48 个像素,最近的距离是 36 个像素,这里选择参数 $R_{\max} = 60, R_{\min} = 30$;图 5-13(c)的椭圆型图像中所选中心点与边缘最近距离为 21 个像素,最远距离为 78 个像素,因此选择固定宽度,这里选择 $R_{\max} = 90, R_{\min} = 15$;综合两种测试图像的边界宽度,如图 5-13(b)(d)所示,两种测试图像边缘宽度不超过 7 个像素,因此对两组测试数据选择固定滑动带宽度 $d = 10$;我们测试了滑动带支持空间所选择半径的条数对最终边界形状的影响,N 值分别选择 8, 16,32,如图 5-14 与图 5-15 所示,当支持空间半径条数逐渐增大时,最终估计的边缘越接近真实边界。

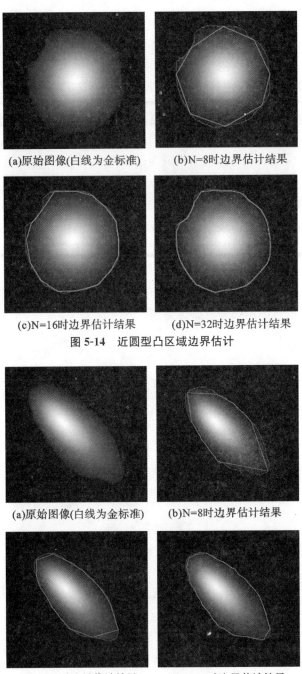

(a)原始图像(白线为金标准)　　　(b)N=8时边界估计结果

(c)N=16时边界估计结果　　　(d)N=32时边界估计结果

图 5-14　近圆型凸区域边界估计

(a)原始图像(白线为金标准)　　　(b)N=8时边界估计结果

(c)N=16时边界估计结果　　　(d)N=32时边界估计结果

图 5-15　椭圆型凸区域边界估计

5.6.2.3 轮廓线重建结果

本节主要展示神经元细胞表面重建后的生成结果,实验环境为 PC 机,CPU Core2 i3,主频 2.9 GHz,2G 内存。

基于提出的滑动带半径边缘估计方法逐点建立神经元细胞横截面轮廓线后,借助传统轮廓线重建方法,我们对整个神经元细胞的解剖结构表面进行重建。如图 5-16(a)所示,为整个神经细胞根据可视化结果,因神经元细胞体数据图直接经过可视化展示出来的结果最为接近真实细胞结构,这里我们用作表面重建的比较。5-16(b)为根据轮廓线方式对神经元细胞表面重建结果。从两个图中可见,轮廓线重建方法可以初步构建出神经元细胞体的表面结构,其整体结构与神经细胞体数据可视化结构从视觉角度相似,由于此部分内容不是本研究中的主要内容,只是应用该方法将神经元解剖结构呈现出来,故没有详细列出方法的细节内容。图 5-17 所示为图 5-16 种两个方框中重建之后局部放大图,图 5-18 为 5-17 中的轮廓线与重建结果的细节,其中黄色线部分为轮廓线,蓝色部分为重建后的神经元细胞体表面。

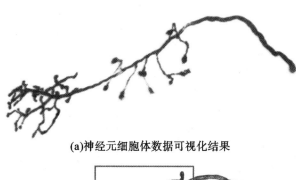

(a)神经元细胞体数据可视化结果

(b)神经元细胞轮廓线重建方法结果

图 5-16 神经元细胞表面重构结果展示

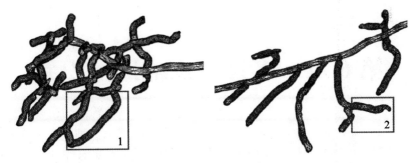

(a)图 5-16(b)中矩形 1 放大　　　　(b)图 5-16(b)中矩形 2 内放大

图 5-17　图 5-16(b)局部放大展示

(a)图 5-17 中矩形 1 放大　　　　(b)图 5-17 中矩形 2 内放大

图 5-18　图 5-17 局部放大展示

第6章 多尺度癌症区域识别

当前病理图像癌症识别方向的主流方法存在一个很大的缺点。由于需要对 10 w×20 w 的全切片图像使用 256×256 的切片进行遍历扫描,且每个切片都要经过分类网络运算得到概率值,即使使用阈值分割的方法除去了非组织区域,计算量仍巨大,因此需要提出一个新的方法,减少不必要的计算步骤。基于此,本书提出了多尺度识别方法,即在不同尺度上使用不同的策略,对癌症可能存在的区域逐步缩小范围。由于在高、中尺度上图像分辨率较小,可以呈几何倍数的减小计算量;只需要在高、中尺度上检测到的区域内,再进行低尺度下基于切片的分类,便可以在保证准确率的前提下,优化时间效率。

本章将主要介绍多尺度癌症区域识别的原理及实现。首先介绍基于阈值分割的高尺度组织区域提取,其次介绍基于目标检测网络的中尺度癌症区域检测,最后介绍基于图像分类网络的低尺度癌细胞切片分类。每一小节均给出了算法原理、数据准备过程、训练参数以及最后的实验结果与分析。

6.1 基于阈值分割的高尺度组织区域提取

全切片图像是由人体组织切片在电子显微镜下扫描而成。生理实验人员取出部分淋巴组织,切成一层薄片通过染色剂染色后,涂抹于载玻片上放到显微镜下扫描。其中,图像的大部分区域为空白区域,并不包含组织部分,因此识别程序无需对该部分区域进行计算。

为了提取出组织部分,本书采用阈值分割的方法对其进行处理。首先,为了减少计算量,本步骤采用高尺度 level-6 下的整个全切片图像,其分辨率约为 1 500×3 000。然后,将其从 RGB 色彩空间转化为 HSL 色彩空间,其中,H 为色调,S 为饱和度,L 为明度。通过观察原图像可知,组织部分的饱和度明显高于非组织部分,因此采用在 S 通道上使用 Otsu 算法对其进行阈值分割。

6.1.1　色彩空间转换

RGB 颜色模型又称红绿蓝颜色模型,是一种通过将红、绿、蓝三种颜色的光按比例叠加,生成多种颜色的方式。RGB 模型通常用于电子显示设备上的颜色表示,在计算机中,一个 RGB 颜色通常用 24 比特存储,红、绿、蓝三种颜色各占 8 比特,所以每种颜色分量的强度可分为 256 种,所能表示的颜色达到 16 777 216种。虽然 RGB 模型所能表示的颜色数远不及自然界中颜色的数量,但对于人眼的色彩分辨率来说已经十分足够。

HSL 颜色模型即色相(Hue)、饱和度(Saturation)、亮度(Lightness)模型,是一种更符合人眼视觉感受的颜色模型。色相表示人眼感受到的不同颜色类别,饱和度表示颜色的纯度,亮度表示人眼感受到的光线的强度。

如图 6-1 所示,在三维坐标系中可将 RGB 颜色表示为一个立方体,三个坐标轴分别表示红、绿、蓝三种颜色分量。在原点(0,0,0)到坐标点(1,1,1)所在的直线上,红、绿、蓝三种颜色的强度是相同的,构成灰度线。

HSL 颜色模型可以用圆柱坐标表示:围绕轴的角度表示色相 H,红色位于 0°,绿色位于 120°,蓝色位于 240°;距离轴的半径表示饱和度 S;自底向上的高度表示亮度 L。在圆柱中心,所有各种颜色的饱和度均为 0,自下而上亮度增加,构成从黑色到白色的灰度线。

调用 OpenCV 库函数即可完成从 RGB 到 HSL 的色彩空间转换。

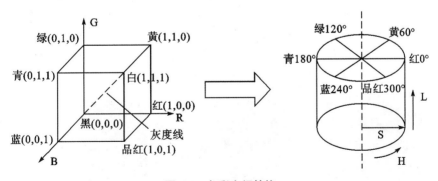

图 6-1　色彩空间转换

6.1.2　分割算法

Otsu 方法即为最大类间差方法。该方法通过统计图像的像素直方图,计算前背景方差,选取最大类间差时的阈值,从而实现全局阈值的自动选取。在 Level-6 尺度上选取饱和度通道,在该通道上对病理图像进行阈值分割。具体算法步骤如下。

算法 6-1   最大类间差方法

输入:原始图像的饱和度通道

输出:前背景分割阈值 i

1:计算图像的像素直方图。将图像中像素按照 0~255 分为 256 个 bin,计算位于每个 bin 中的像素数量

2:归一化直方图,将每个 bin 中像素数量除以总像素

3:i 表示分类的阈值,即一个灰度级,从 0 开始迭代

4:计算 0~i 灰度级的像素(在此范围内的像素称为前景像素)占整幅图像的比例 w0,并计算前景像素的平均灰度 u0。计算 i~255 灰度级的像素(在此范围的像素称为背景像素)占整幅图像的比例 w1,并计算背景像素的平均灰度 u1;

5:计算前景像素和背景像素的方差 g=w0×w1×(u0−u1)(u0−u1)

6:i++;转到 4,直到 i 为 256 时结束迭代

7:将最大 g 相应的 i 值作为图像的全局分割阈值

使用 OpenCV 中的膨胀和腐蚀方法去除掉小面积的散点,得到组织区域。

6.1.3   实验结果与分析

如图 6-2 所示,左图为阈值分割后得到的二值图像 mask,右图为去除掉相对较小的区域后得到的在原图像基础上使用方框框出得到的组织部分,即为高尺度下组织区域提取结果。下一步检测将在该区域内进行。

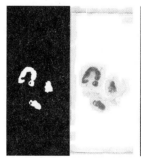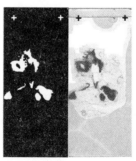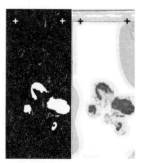

图 6-2   高尺度阈值分割结果

使用该方法分割一张图像仅需要约 0.3 s,提取到的组织区域占整个图像的比例约为 17%,即可以节约后续工作 83% 的运算量,提高了整个流程的时间效率。

6.2　基于目标检测网络的中尺度癌症区域检测

通过上一节高尺度上的阈值分割,得到了全切片图像中的组织部分,接下来的操作将在该部分上进行,其他非组织部分不再关注。

组织部分即是从人体上穿刺取出的活体标本,经过培养、染色等处理后放置在显微镜下即可得到图像信息。组织部分由多种细胞组成,本书使用到的数据集是乳腺癌淋巴转移病理数据,组织属于淋巴结,包含正常的淋巴结细胞、癌变的淋巴结细胞、淋巴管管壁细胞、血管管壁细胞、红细胞等多种细胞,其中占绝大多数的是淋巴结细胞,为了简化问题,在此忽略除这两者之外的其他细胞,只关注淋巴结细胞是否癌变。

单个癌症细胞由于内部处于有丝分裂状态,染色体舒展扩散,经过染色后的内部呈现出结构松散、颜色淡薄的特点,得以与正常细胞进行区分。同时,由于癌症细胞的分裂性,其往往是聚集在一起而不是分散开来的状态,多个癌症细胞会形成一个癌症区域,并且该癌症区域在整体上具有一定的结构、纹理、颜色特征,并且在中尺度上,清晰度较低时,仍然保有这些特征,使其可以与正常细胞区域部分区别开来。

基于此,本书提出在中尺度上,使用目标检测的方法,对癌症区域进行检测,高效获取目标区域的位置信息,提供给下一步在低尺度上进行更为精细的识别工作。使用基于深度学习的快速区域卷积神经网络算法(Faster-RCNN)作为目标检测算法,在中尺度 level-3 上截取固定 512×512 大小的切块,结合标注信息,放入网络进行模型训练和测试。

6.2.1　目标检测网络结构

如图 6-3 所示,Faster-RCNN 主要由以下部分构成:特征提取网络、区域生成网络(Region Proposal Networks,RPN)、目标区域归一化层(RoI Pooling)、分类网络和非极大值抑制。整体流程为:对于一张输入图片,首先使用去掉 softmax 层的卷积神经网络,作为特征提取网络对该图片进行特征提取,得到特征图(feature map);其次将特征图输入到区域生成网络中,通过锚机制

(anchors)和框盒回归,以及判断前景或背景的二分类器,得到一系列可能的候选区域;然后将特征图中某候选区域的部分截出,通过目标区域归一化层归一化为固定大小的图片;最后将该候选区域中的特征图送入分类网络,给出该部分属于各个类别的概率,使用非极大值抑制算法完成最后的筛选。

1. 特征提取网络

本书使用在 ImageNet 数据集上预训练 ResNet-50 作为基础的特征提取网络。作为取得 ImageNet 分类挑战赛冠军的基础网络,ResNet 系列网络通过其残差机制的核心设计,减轻了训练时反向传播算法的梯度消散问题,将网络层数从 10 多层提高至 50 层、101 层,甚至 152 层,极大提高了网络对图像特征的抽取以及表达能力,因此本书选择 ResNet 作为目标检测网络中的特征提取网络,以最大程度提取到良好的特征图。同时,由于实验设备的显存限制,只允许使用 ResNet-50 来进行实验,但这也在一定意义上减少硬件设备对结果的影响,更为专注地探究算法本身对结果的提高和对合理时间效率的保证。

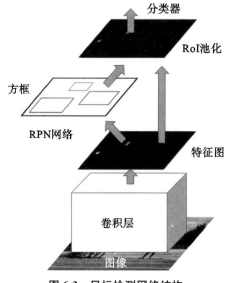

图 6-3　目标检测网络结构

2. 区域生成网络

目标检测网络中包含一个区域生成网络,该网络的作用是基于特征提取网络得到的特征图,通过寻找目标和判断前景背景,获得若干候选区域,再将候选区域输入后续的步骤中,即该网络主要完成目标检测中的定位任务。因此,高效合理精确地确定目标位置,便是设计区域生成网络时需要考虑的主要问题。如图 6-4 所示,使用一个滑动窗口对特征图进行扫描,对于每个位置,截取不同大小和比例的切片,提取特征,根据前景背景分类得分和坐标得分,判断该切片是否作为候选区域进行输出。

　　Faster-RCNN 设计了锚机制和框盒回归,来高效寻找和准确定位候选区域。如图 6-5 所示,锚机制即在每个滑动窗口位置,按照不同的大小,如 $64 \times 64, 128 \times 128$ 等,不同的宽高比,如 $1 : 2, 1 : 1, 2 : 1$ 等,不同的放缩比例,如 $0.5, 1.0, 2.0$ 等,来在同一位置获得一系列不同大小、宽高比和放缩比例的区域切片。由于需要检测的目标,大小、宽高比和放缩比例是不固定的,尤其在病理图像中,癌症区域的大小与形态各异,锚机制可以有效地寻找到完整的目标,提高其前景得分。框盒回归则是将候选区域的四角坐标,在训练时加入损失函数中,与前景背景分类得分共同优化;在测试时,对得到的候选区域位置进行精修和调整,使得最终输出的候选区域尽可能紧密地框住待检测目标,提高候选区域的定位准确性。

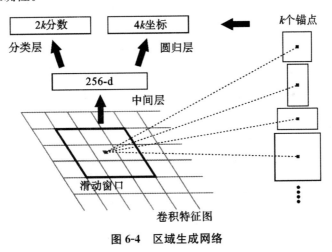

图 6-4　区域生成网络

3. 目标区域归一化层

　　由于分类网络要求输入是固定大小图像,而由于目标大小不固定,区域生成网络输出的候选区域大小也是不固定的,无法直接放入分类器中进行分类。因此,Faster-RCNN 使用了目标区域归一化层,来解决固定大小的问题。假设生成了多个候选区域,其大小和宽高比是不同的,将其按照面积均分成 n×n 等份,在每一份中进行最大值池化,即每一份得到一个值,由此将候选区域中的特

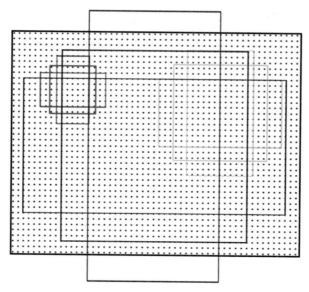

图 6-5　锚机制示意图

征图变成固定 n×n 大小的特征图,即可统一尺寸,输入到后面的分类网络中进行分类。

(1)分类网络和非极大值抑制。

输入固定大小的特征图,接入全连接层,使用 softmax 分类器对该特征图进行分类,输出各个类别的得分,即完成了目标检测中的分类任务。

由于区域生成网络会输出大量的候选区域,同一个目标会有多个候选区域对其进行了覆盖,并且每个候选区域都会得到一个分类器给出的类别分数。而在目标检测任务中,同一个目标仅需要一个检测结果即可,需要对冗余的检测结果进行筛选和去除,这里使用到了非极大值抑制算法。

算法 6-2　非极大值抑制

输入:所有候选区域的分类置信度、位置坐标和宽度高度,交并比阈值
输出:筛选后的候选区域
1:将当前所有候选区域按照分类置信度从高到低排序
2:分别计算分类置信度最高的候选区域与其他各个候选区域的交并比,如果交并比大于　设定阈值,则将该候选区域删除
3:遍历结束后,将置信度最高的候选区域输出并删除,重复步骤 1
4:当候选区域全部被删除时,算法结束

通过非极大值抑制的筛选，每个检测目标便有唯一的分类置信度和边界框，将其输出，完成目标检测的任务。

6.2.2 数据准备及参数设置

癌症区域检测是在中尺度 level-3 上进行的，因此训练数据和测试数据均为 level-3 下的病理图像。在组织区域中，按照固定 512×512 大小和固定 256 步长进行扫描，得到切块，读取该全切片图像对应 XML 标注文件中的癌症区域坐标，如果与当前切块存在交集，则读取对应 MASK 标注文件，获取当前切块内癌症区域的具体位置信息，并使用矩形框进行标注，按照 pascal 数据集标准格式存储为 XML 文件。该 XML 文件包括癌症区域相对于切块的左上角点与右下角点的横纵坐标、癌症区域面积、癌症区域占矩形框比例和检测类别。

如图 6-6 所示，第一行是 level-3 上 512×512 的切块，第二行是其对应 MASK 标注文件中该区域的标注信息，其中白色表示癌症区域，黑色表示非癌症区域，第三行是对目标位置进行标注的矩形框。其中，第一列属于 Micro 类型，切块内部分是癌症区域，部分是正常区域；第二列属于 Macro 类型，切块全部属于癌症区域；第三列属于 ITC 类型，切块内癌症区域面积很小，被正常区域所包围；第四列是虚拟病例库中数据。

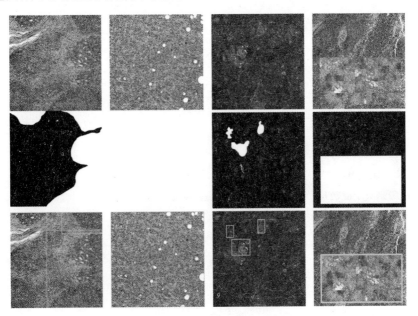

图 6-6 目标检测训练数据

Pascal 数据集的标注文件是 XML 格式，<folder>标签表示所处文件夹名，<filename>标签表示文件名，<size>标签表示图片的长宽和通道数，<object>标签表示一个目标示例，<name>表示该目标类别，<bndbox>表示该目标矩形框，其他标签本书不使用，故不做介绍。通过读取原始数据和标注信息，将其制作为固定 512×512 大小的图片和 Pascal 数据集的标注格式，准备进行模型训练。

完成如上数据准备工作后，使用 Faster-RCNN 算法，进行模型训练。该算法在训练之前需要设定若干参数，参数的设定对训练效果和时间有着重要影响，需要根据数据特点进行修改。表 6-1 列出了部分重要参数的设定。其中，区域生成网络属于第一阶段，损失函数由前背景分类误差和定位误差组成；分类网络属于第二阶段，损失函数由类别分类误差和定位误差组成。实验的训练集和验证集来自 Camlyon16 和虚拟病例库，测试集来自 Camlyon17，数据不存在重叠。

表 6-1　目标检测参数设定

中文参数名	英文参数名	数值
类别数目	Num_classes	1
特征提取网络	Feature_extractor	Faster_rcnn_resnet50
第一阶段特征步长	First_stage_features_stride	16
锚_放缩比例	Scales	0.5,1.0,2.0,4.0,8.0
锚_宽高比	Aspect_ratios	0.25,0.5,1.0,2.0,4.0
锚_高度步长	Height_stride	16
锚_宽度步长	Width_stride	16
第一阶段非极大值抑制交并比阈值	First_stage_nms_iou_threshold	0.7
第一阶段最大生成数量	First_stage_max_proposals	300
第一阶段定位误差权重	First_stage_localization_loss_weight	1
第一阶段前背景分类误差权重	First_stage_objectness_loss_weight	1
第二阶段交并比阈值	Iou_threshold	0.3
第二阶段最大检测数量	Max_total_detections	50

（续表）

中文参数名	英文参数名	数值
第二阶段定位误差权重	Second_stage_localization_loss_weight	1
第二阶段分类误差权重	Second_stage_classification_loss_weight	1
分类器	Score_converter	SOFTMAX
批尺寸	Batch_size	1
优化器	Optimizer	Momentum_optimizer
优化器参数	Momentum_optimizer_value	0.9
学习率	Learning_rate	Step＝0：0.000 3 Step＝50 000：0.000 03 Step＝100 000：0.000 003

6.2.3　实验结果与分析

图 6-7 是训练过程中学习率的变化曲线。在使用反向传播算法对损失函数进行梯度下降法进行优化时，学习率不是固定不变的。在训练的初始阶段，由于当前值与优化目标距离较远，故选取较大的学习率，以加快收敛速度。随着训练的进行，当前值会逼近优化目标，为防止在优化目标左右摇摆，故需要选取较小的学习率，以更加逼近优化目标。在 0～50 000 步将学习率设定为 0.000 3，在 50 000～100 000 步将学习率设定为 0.000 03，在 100 000 步之后将学习率设定为 0.000 003，目的就是能够快速收敛并最大程度地接近优化目标。

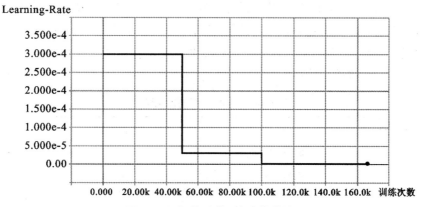

图 6-7　目标检测学习率变化曲线

图 6-8 是训练过程中损失函数的变化曲线。从图中可以看出,随着训练的进行,损失函数一直处于下降状态,说明是收敛的,下降速度先快后慢,训练的时间越长,改变越慢。值得注意的是,在 50 k 后和 100 k 后,即学习率降低后,损失函数在整体上有一定程度的下降,在 130 k 后趋于稳定,训练于 160 k 时停止。

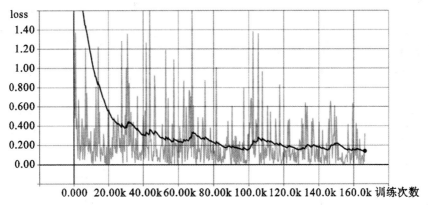

图 6-8　目标检测损失函数变化曲线

如表 6-2 所列,在训练阶段,每训练一步耗时 0.35 秒,共计耗时 16 小时,训练时间相比于其他方法是较短的。在验证集上,以交并比 0.5 为阈值,可以得到 0.485 1 mAP 的良好效果,证明了该方法的有效性;在测试阶段,每张切块耗时仅 1.5 秒,便完成了相当于 level-0 上 4 096×4 096 大小图片的检测工作,对比现有方法使用 level-0 上 256×256 切片进行分类,仅 1 次检测操作便替代完成了 256 次分类操作,极大地提高了时间效率。由于全切片中切块数量的不同,完成一张全切片的总耗时也是不同的,为 150~300 s。对于带有癌症区域的切块,检测召回率可以达到 0.76,对于全切片中最大癌症区域,检测召回率可达 0.82,实现了良好的效果。

表 6-2　目标检测统计结果

项目	数值
训练单步耗时	0.35 s
训练总耗时	16 h
mAP@0.5IOU	48.51%

（续表）

项目	数值
测试单张切块耗时	1.5 s
测试单张全切片耗时	150 s～300 s
癌症切块召回率	76%
癌症切块准确率	23%
全切片最大癌症区域召回率	82%

如图 6-9 所示，第一行是部分测试结果，每一个检测结果均给出了定位矩形框和分类置信度，第二行是对应切块的 MASK 标注文件，第三行是对应切块癌症区域检测的金标准。从图中可以看出，该模型对癌症区域的检测是非常有效的，在分类精度和定位精度上均有着十分优异的表现。

尤其对于大面积癌症区域，对应 Macro 类型癌症区域，如第 3 列和第 4 列结果，可以达到极高的准确度。由于大面积区域极高的分类精度，对于该部分检测结果可以直接输出，不需要再在低尺度上进行更为精确也更为耗时的切片分类识别，极大地加速了病理全切片图像的整体识别速度。

对于中等面积癌症区域，对应 Micro 类型癌症区域，如第 1 列和第 2 列结果，分类精度和定位精度整体效果良好。但是由于该部分类型训练数据较少、面积较小不规则等原因，检测结果存在一定程度上的误差。对于该种类型，采取调低识别阈值，从而降低准确率、提高召回率的方法，将可能是癌症区域的部分均检测出来，再将这些区域送入下一个环节，利用低尺度上更为清晰的图像和更加精确的切片分类方法，对检测矩形框内部进行更精细的癌症区域划分，保证最终结果的准确度。

对于小面积癌症区域，对应 ITC 类型癌症区域，如第 5 列中的部分结果，检测效果差强人意。第 5 列中存在多个 ITC 类型癌症区域，模型最终只识别出部分结果，对于面积极小的区域没有返回检测结果。ITC 区域由于面积极小，部分甚至只由若干个细胞组成，在 level-3 尺度上难以展现，并且目前的方法对于 ITC 类型的识别率也非常低，最好的结果也只能达到 44%，是一项公认的难题。后续也将针对其专门探究识别方法，以完善整个病理图像识别任务。

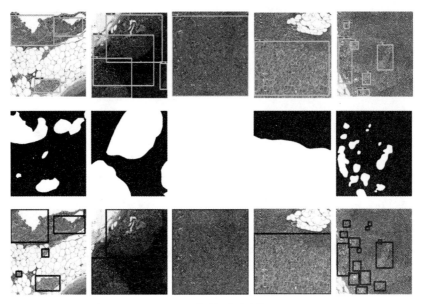

图 6-9　目标检测测试结果

6.3　基于图像分类网络的低尺度癌细胞切片分类

通过上一节的中尺度癌症区域检测,在 level-3 尺度切块上快速定位到了若干癌症区域。但是,由于 level-3 尺度图像清晰度较低,细胞内部结构模糊,癌症区域与某些正常组织区域整体结构相似,降低检测置信度阈值以提高召回率等原因,癌症区域检测的精确度并不高;同时,由于检测得到的定位结果是矩形框,而癌症区域形状是不规则的,为得到真实的癌细胞分布情况,仅定位到矩形框是不够准确的。由于以上两个原因,需要对癌细胞的分布情况更加精确地识别和定位。

参考当前使用的主流框架,采用基于图像分类网络的低尺度癌细胞切片分类的方法,即针对上一节目标检测得到的癌症区域,在 level-0 尺度上,以固定 256×256 大小的切片为基本单位,进行癌细胞切片与正常细胞切片的分类,获得每个切片属于癌细胞切片类别的概率,即可完成对癌细胞的精确识别。

6.3.1　分类网络结构

采用 ResNet-50 网络作为基本网络模型,该模型架构和特点已在第二章中进行了说明。由于图像分类问题只需在基本网络模型后加一层 softmax 分类器即可,结构较为简单,在深度学习框架 TensorFlow 中调用较为方便,在此不再展开论述。

6.3.2　数据准备及参数设置

训练阶段数据均从 Camlyon16 数据集中获取,分为两类,如图 6-10、图 6-11 所示,Normal 类型 8 万张和 Tumor 类型 4 万张,两者各 1 万张验证数据。在 level-0 上截取固定 256×256 大小切片。Normal 类别数据采样于正常全切片图像,即该全切片图像中不存在任何癌症细胞;Tumor 类别数据采样于癌症全切片图像,包括 ITC、Micro 和 Macro 类型,其中切片内全部为癌症细胞,不存在正常细胞。为了防止相邻切片相似度过高,提升数据多样性,因此有更多不同形态特点的癌症细胞在采样时加入了随机因子,即每个切片均有一定相互独立的概率被选取出来放入数据集。

表 6-4 是图像分类训练中的部分重要参数设定。将类别数目设为 2,使用 ImageNet 数据集预训练的 Resnet_v1_50 作为特征提取网络,批尺寸设置为 32,使用 Rmsprop 作为优化器。

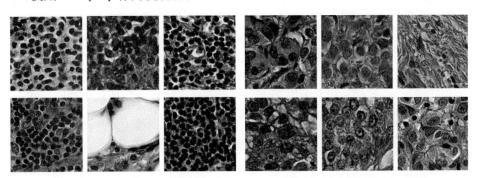

图 6-10　Normal 切片训练数据　　　　图 6-11　Tumor 切片训练数据

表 6-4　图像分类参数设置

中文参数名	英文参数名	数值
类别数目	Num_classes	2
特征提取网络	Feature_extractor	Resnet_v1_50
批尺寸	Batch_size	32

（续表）

中文参数名	英文参数名	数值
优化器	Optimizer	Rmsprop
初始学习率	Learning_rate	0.01

6.3.3 实验结果与分析

如图 6-12 所示，随着训练次数的增加，学习率逐渐减小。

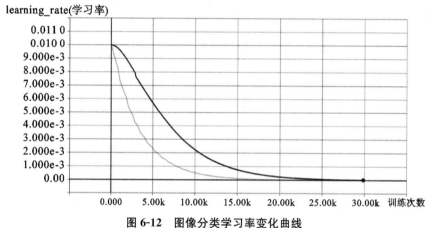

图 6-12 图像分类学习率变化曲线

如图所示，训练到约 25k 时损失函数进入稳定阶段，可以终止。

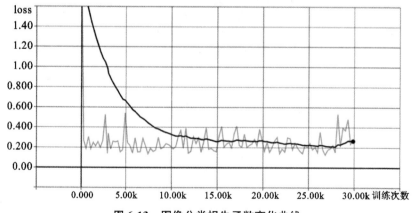

图 6-13 图像分类损失函数变化曲线

　　表 6-5 是图像分类统计结果。由表可见,仅需训练 1.7 小时即可得到 0.963 的准确率,说明使用的模型和算法是高效的。

表 6-5　图像分类统计结果

项目	数值
训练单步耗时	0.205 s
训练总耗时	1.7 h
准确率	96.3%

　　表 6-6 是 Camlyon 挑战赛参赛团队训练和使用的分类模型与本书的实验对比。分类模型作为病理图像识别中的基础模型,在分辨率最高的 level-0 上读取切片作为输入数据,是目前对单张病理图像准确度最高的识别算法。诸多研究人员通过使用数据扩增、颜色归一化、数据预筛选、多机多卡训练、使用大规模模型、模型集成等各种方法,从数据、硬件、模型等多方面入手,极力提高分类模型的准确度,实现了 90% 以上甚至接近 100% 准确度的水平。

表 6-6　图像分类实验对比

作者	网络模型	显卡设备	训练用时	数据量	准确率
Jonathan 等	VGG-16	NVIDIA K80	—	300,000	97%
Kaiwen 等	ResNet-101	NVIDIA Pascal	—	3,000,000	—
Aoxiao 等	ResNet-101	NVIDIATesla P100×8	28h	—	—
Vlado 等	FCN-VGG	NVIDIA Titan-X×2	3days	—	—
Jeppe 等	Inception v3	NVIDIA GTX 1080	—	1,050,000	96.6%
Keisuke 等	GoogLeNet	NVIDIATitan-X	—	300,000	97.6%
George 等	GoogLeNet	—	—	800,255	97.6%
Ghazvinian 等	Inception v3	—	—	1,000,000	98.7%
本书	ResNet-50	NVIDIA GTX970	1.7h	130,000	96.3%

　　分类模型作为基础模型,准确度十分重要。然而,分类模型只是病理图像识别任务中的第一步,还需要其他算法和模型对分类模型得到的结果,在统计后进行进一步处理。每张全切片包含数十万张切片,分类模型准确度在整个算法流程中并不能起到决定性的作用,可以允许一定的误差存在。当前研究为了

提高其准确率,耗费了大量的计算资源,提高了对硬件的要求,固然将准确率提高到接近完美的水平,但是这对于算法到产品的落地是不利的。

本书提出的实验方案,只需要较少的训练数据量和训练时间,在单机单卡上即可完成训练和测试,并且实现了 96.3% 的准确率,满足对整幅图像的癌症区域识别需求。同时,由于中尺度上的目标检测模型已对癌症区域进行了锁定,分类模型无需对全切片中所有切片进行精确地识别处理,减少了本环节的计算数量,提高了算法整体的时间效率。

第7章 多尺度双水平肿瘤区域检测

7.1 引言

数字病理全扫描切片可以对组织细胞病理从多个尺度进行分析,随着一系列的开源病理图像数据库的产生,催生了大量的病理分析相关算法和应用,也给计算机视觉领域的科学工作者乃至临床医生们提出了诸多挑战。其一,大多数用于图像分割和病变异常检测模型的训练过程均需要大量的人工标注的数据,而这些标注数据的要求之一就是有清晰的边界,这使得制备训练数据变得异常繁重,而且在常规诊断过程中,病变区域边界往往是模糊的,很难筛选到合适的样本,所以需要对于这样的样本找到更加具有鲁棒性的特征和相应的图像处理方法。其二,构建具有完善标注的开源数据集工作量巨大并且需要多个专家协同合作,使得这一工作受到很多限制。完善的医学图像训练数据集需要覆盖各类病变情况,但现实中很难在较短时间内收集足够数量的样本。

精细的细胞结构可以体现细胞内部分子形态变化的信息,创面内部细胞水平的病理图像分析可以从更深的层次揭示病变的信息,从而准确评估疾病的病理生理状况,也为从病理水平分析到“组学”分析诊断建立起一个沟通的桥梁。传统基于图像的细胞分析方法往往仅集中在某个特定类型细胞上面,可扩展性差。因此需重点研究扩展性好、定位准确的自动细胞探测方法,具体包括:基于多尺度的全切片图像来定位病变区域创面区域内部处于有丝分裂期的细胞,并统计细胞数量、对细胞体进行分割,实现多尺度病理切片细胞水平的数据分析。本章将主要介绍多尺度癌症区域识别的原理及实现。首先介绍基于阈值分割的高尺度组织区域提取,其次介绍基于目标检测网络的中尺度癌症区域检测,最后介绍基于图像分类网络的低尺度癌细胞切片分类。每一小节均给出了算法原理、数据准备过程、训练参数以及最后的实验结果与分析。

所以,基于深度学习技术的发展及其在病理诊断领域的应用现状,从模型和数据的两个角度构建完整的分析方法也是一项具有挑战性的研究任务。

7.2　数据集的选择与预处理

全扫描病理切片通常以金字塔形式存储,不同尺度对应不同的分辨率,我们的方法旨在从不同尺度对于该数据进行分析。常规数据大小在 10 万×20 万像素的单张图像,大小 3Gb 的 RGB 格式。在本部分研究中,我们选择 Camlyon 2016 和 Camlyon 2017 以及 TIM2015 细胞检测数据集为基础数据集,其中 Camlyon 2016 和 Camlyon 2017 数据集为全扫描切片,TIM2015 数据集为乳腺癌淋巴结中肿瘤细胞数据集。

目前,在病理图像研究领域上,当前主流方法如图 7-1 所示。第一步,将原图像从 RGB 色彩空间转换为灰度图,设置固定阈值提取组织区域;第二步,在组织区域中最高分辨率下提取固定 256×256 大小的切片,将 75% 像素为癌症区域的切片标注为癌症,其他标注为正常,使用卷积神经网络 ResNet-101 对切片进行二分类的训练和预测。其中,使用到了旋转、颜色增强等数据扩增的方法扩充数据量;第三步,将所有二分类后得到分类概率的片拼接为概率图,设定固定阈值得到二值图像;第四步,提取二值图像中癌症区域主轴长度、最大概率值、平均概率值、癌症区域数量等统计特征,根据全切片的四个类别:Normal、ITC、Micro、Macro,使用随机森林算法训练分类器,将检测结果作为分类器输入,对全切片类别进行分类,给出最终结果。

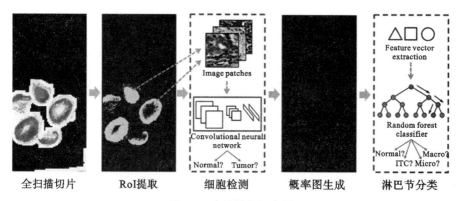

图 7-1　方法流程示意图

该方法最终在全切片分类准确度上达到了 0.935 1，是当前的 state-of-art 方法。其使用了目前性能最好的网络框架 ResNet-101，搭配顶尖的硬件设备 NVIDIA GTX TITAN X GPU，使用海量的切片作为训练数据，实现了优异的效果。

7.3　切片水平的多尺度病变区域检测与网络设计

对于全扫描病理切片来说，准确地检测并定位到癌症组织区域可以极大地提高病理医生的诊断效率，这里我们提出一个基于多尺度全卷积网络的快速检测方法。

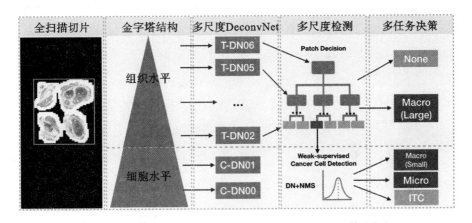

图 7-2　基于 MFCN 多尺度图像疾病区域检测和分割算法框架

全切片图像数据往往用多尺度金字塔进行存储，不同尺度对应不同的分辨率，我们的方法旨在从不同尺度对该数据进行分析。

在较大的尺度上，我们的多尺度全卷积检测算法能够更多地探测到全局的信息，能够迅速确定目标区域，能够较为粗略勾勒出病变区域；在较小的尺度上，我们的算法能够更多地探测到局部细节的信息，更加细化所找到的候选区域并且能够对分割区域的边缘进行细化，缺点是所用时间相对较多。我们在不同尺度上运用基于全卷积网络的算法进行热力图提取，并通过后处理算法得到分割结果，不同尺度进行加权融合后得到较为准确的分割结果。我们的方法能够将全局和局部信息统一考虑，同时兼顾了实际的运算效率和准确性。

如图 7-2 所示,我们针对不同的尺度分别做全卷积网络。用不同的全卷积网络(FCN)去学习不同层的训练图像和他们的 ground truth。

我们采用优化欧式损失的方式让网络输出的密度图回归到标准的密度图。损失函数如公式(7-1):

$$L(\theta) = \frac{1}{2N} \sum_{i=1}^{N} \| F(x_i;\theta) - F_i \|_2^2 \tag{7-1}$$

式中,θ 是待优化的网络参数,N 是训练图片的数目,X 表示输入图像,F 相减表示 X 对应密度图的 ground truth 和由 MFCN 生成的密度图的差值。

通过学习得到在不同层上的 FCN,然后在测试数据集上对于不同层运用与该层对应的 FCN,得到对应的热力图,然后将这些热力图进行 1 * 1 卷积成一张热力图,然后通过阀值控制,得到与之对应的掩膜,通过对于掩膜的空白区域进行分割,得到候选的癌症区域,计算这些区域的直径大小,如果超过 2 mm,则根据癌症区域个数,1～3 个确诊为 pN1,4～9 个确诊为 pN2。如果没有超过 2 mm 的区域,则生成较小的候选区域 RoI,然后移交下一个水平的处理单元——细胞检测单元进行处理。

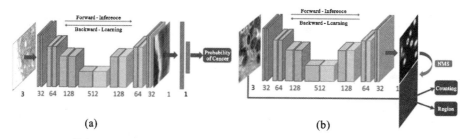

其中,(a)表示组织水平的网络结构,(b)表示细胞水平的网络结构

图 7-3 DeconvNet 网络结构设计

如图 7-3 所示,我们选择同样的基础网络来实现组织检测与细胞检测两个任务,基于 DeconvNet,我们搭建了一个类似 U-Net 的网络,选择一系列连续的卷积层,max-pooling 层和反卷积层,在开始的三个网络层中,将卷积层和 max-pooling 层顺序叠加起来,并采用反向结构搭建反卷积层,最终构建成为我们的基础网络,采用 Relu 激活函数作为激活层,最后选择一个卷积层来代替全连接层,作为我们最后的 density map 输出层。其他参数选择如下,3×3 的卷积核,ReLU 激活函数,同时,我们选择 MSE 损失函数和 Adam 优化子作为目标函数优化的策略。

7.4 组织水平癌症区域检测

在组织水平检测,我们设计了一个基于多尺度反卷积网络的病变区域检测方法,该方法可以以更高的精度和速度探测到不同大小的癌症区域。

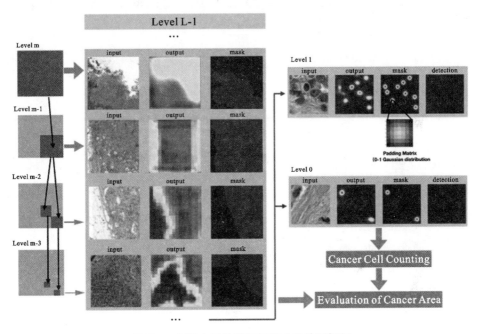

图 7-4 组织水平检测与细胞水平检测框架

首先我们将这个问题转化为一个监督学习问题,在图像 patch 和密度图之间学习一个映射,其中,训练各自的权重和偏移值。随后在确定每层权重之后,训练全连接层作为分类器。随后,我们设计了一个树状检测结构来获取最终的癌症区域,用其确信程度来表示。其中对于 ROI 提取的确信程度,用阈值 t 来控制。例如,我们获得了一个 ROI 区域,用 LCI 来代表其作为位置,随后我们在后续的 L-1 层中分别用 LCIs 来分别代表不同层的坐标,直到我们搜索到最后一层为止,随后,通过最后一层的细胞水平检测癌细胞来最终确定该区域是否为癌症区域,详细见算法 7-1。

算法 7-1   多尺度组织水平 ROI 筛选

Algorithm 1 Multi-scale RoIs selection of tissue level
Input：Multi-scale layers from a WSI I , multi-scale patch DeconvNet-based classifier for layer l named C_l , Layers number L , confidence threshold t .   Output：Outcome of patch set $PS_{current}$ 1：Generate patch set PS_{L-1} with step width w and step height h in I_{L-1} , and location code information of each patch $LCIS_{L-1}$.   2：Initial current patch set $PS_{current} = PS_{L-1}$ 3：for $i = L-2$ to 2 do   4：   if $PS_{current}$ is empty then   5：   Break   6：   for patch p in $PS_{current}$ do   7：   Calculate cancer confidence of p named c with C_i 8：   if $c > t$ then   9：   Add LCI_p to $LCIS_i$ 10：   for LCI in $LCIS_i$ do   11：   Calculate LCI in $i-1$ layer   12：   Generate patch set with all LCI_s named PS_{i-1} 13：   Set current patch set $PS_{current} = PS_{i-1}$

7.5　细胞水平的癌细胞检测及病变区域划分

通过上一步的分割,我们能够大致确定 Macro 较大区域的病灶区域。但对于较小的区域,比如 Micro 和 ITC 区域,由于网络的降采样,在较高尺度上学习得到的区域很可能会被前一步算法排除,所以一般只能在相对较低的尺度上进行学习,而较低的尺度图像较大,学习所用时间较长。所以我们通过上一步算法的处理得到的结果提取所有的候选区域,对于候选区域我们对应到较低尺度的小切片上,对这些小切片进行细胞级别的探测。通过我们基于全卷积网络的细胞检测和计数方法对这些区域进行癌症细胞的识别,可以得到每个癌症细胞的位置,然后将这些细胞进行区域增长算法,得到各种癌症细胞组成的区域,对这些区域进行大小和癌症细胞个数的计算,最后得到这片区域是 Micro 还是 ITC。

如图 7-5 所示,我们通过对于小区域的自动细胞检测进行进一步判断。

训练阶段,我们将原始的输入图像进行预处理,形成测试集,然后对其进行各种变换,生成新测试集,然后标记在 FCN 中进行学习。

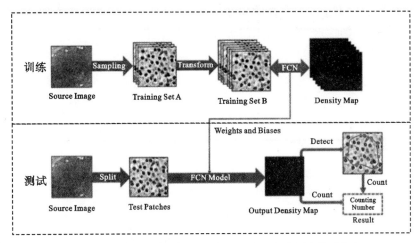

图 7-5　基于 FCN 的癌细胞的检测及病变区域划分算法框架

测试阶段,我们将需要检测的图像进行分割和预处理,生成测试的小切片,然后输入之前训练好的 FCN 网络中,得到输出的密度图,之后在该密度图上进行探测,采用极大值抑制(NMS)算法,得到每个癌细胞的位置和总体癌症细胞数量。得到位置之后,我们通过区域增长或者边界查找算法进行区域划分,得到癌细胞的不同组群,然后计算每一片聚集的癌细胞区域的大小和包含的癌细胞数量,如果达到 Micro 的标准则输出为 pN1mi,否则为 ITC 区域,输出为 pN0 (i+)。如果没有检测到癌细胞,则判定为正常,输出 pN0。

7.6　细胞水平检测方法评估及结果

针对细胞水平检测,我们选择多组数据集对提出的方法进行验证,来说明其泛化能力。本节主要介绍基于深度学习的方法完成扩展类型细胞的分类、检测和计数的多任务目标。

我们前后提出了两版算法框架来完成这个任务。第一版的算法是一种基于单一全卷积网络（FCN）的方法，我们运用该方法在三种自有细胞数据集、Camelyon2017 公开数据集和生成数据集上测试后，结果表明该方法在这些数据集中表现良好，结果如图 7-6 所示。

此后，为了能实现一个更具有泛化能力的方法去检测更多类的细胞，并同时解决标记数据不足的弱监督的问题，我们提出了一个新的网络框架。这个网络结构用到了多列全卷积网络用以提取不同类的不同深度特征，然后用全局的图像级别的特征去和上述信息融合在一起得到一个端到端的网络。

首先我们构造了一个混合数据库，这个库中有 5 类细胞，包括乳腺癌全扫描 H&M 染色图像（TIM2015，公开），电镜暗视野下的病毒图像（私有），共聚焦显微镜下的视网膜图像（私有），光镜亮视野下的昆虫细胞图像（私有），投射电镜下的胰腺囊泡图像（私有）。这些图像各有各的大小和图像特点，所以很难用一个简单的基础网络来很好地识别，包括之前我们提出的单一的 FCN 网络。所以我们提出一个新的通用细胞多任务网络（GCMN）。

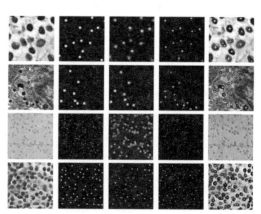

Dataset	Method	Recall (%)	Precision (%)	F1 (%)
Breast Cancer Cells	LoG[10]	13.7	42.7	20.7
	CNN method[21]	80.3	82.5	81.4
	Proposed method	90.0	90.9	90.4
Insect Cells	LoG[10]	18.7	12.6	15.1
	CNN method[21]	83.4	87.9	85.6
	Proposed method	90.2	94.4	92.3
Vesicles	LoG[10]	11.2	92.4	20.0
	CNN method[21]	84.7	90.5	87.5
	Proposed method	91.7	90.2	90.9
Generated Cells	LoG[10]	9.1	32.8	14.2
	CNN method[21]	76.2	71.8	73.9
	Proposed method	82.6	91.0	86.6

左图是对比结果，右图是提出方法的可视化结果

图 7-6　基于 FCN 的细胞检测结果

如图 7-7 所示，总体网络由预处理部分、用于像素层面的特征提取的多列全卷积子网络、用于图像层面的分类信息提取的子网络和后处理部分四个单元组成。预处理部分将原始的图像和医学专家的标记进行预处理，生成所需的混合数据集。多列网络可以通过同质网络学习不同权重以提取不同的特征图像。分类网络通过深度网络来学习图像的分类信息。我们通过一个压缩层将两者

合成,得到初步的密度图和各个类别的置信概率向量。最后通过在后处理中的极大值抑制和阀值判断得到最后的分类、检测和计数结果。以下是具体的阐述。

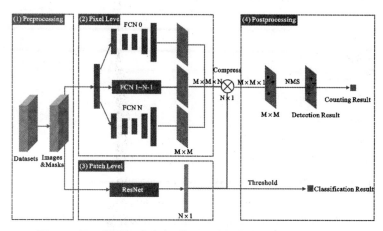

图 7-7　用于通用细胞分类、检测和计数的多任务网络(GCMN)

在数据构造与处理阶段,深度学习方法依赖于数据分布,数据的预处理方案对最后训练效果的影响很大,所以,我们对于原始数据和相关的简单标记都做了处理,以更好地训练模型。对于大多数原始全扫描图像来说,常常是多尺度的大图像。这些数据不能直接输入网络。我们会对于原始图像在有效的观测部分进行分割,从而得到具有一致大小尺寸的小图像块作为原始输入图像。而且为了使我们的网络模型具有比较好的泛化能力,我们构造的数据在数量上平衡了多类数据的量,并且做了数据扩增。具体来说,我们有多个数据集分别标记为$\{D_1, D_2, D_3, \cdots, D_n\}$,对于每个数据集里每张图像 I_i^j(i 表示数据集编号,j 表示图像编号),我们将其按照固定长宽 W, H 对于有效区域进行分割,得到$\{I_i^0, I_i^0, \cdots, I_i^k,\}$的 $k+1$ 张图像块,我们将所有该数据集下的图像块进行合并组合新数据集 D'_i,记录每张图对应的类别 i。通过随机抽样的方法从$\{D'_1, D'_2, D'_3, \cdots, D'_n\}$的进行抽取组成混合数据集 D_m,然后在这个数据集上对每幅图像运用图像平移、旋转、调整对比度、增加噪声等函数 f 将 D_m 扩增成D'_m,即 $D_m \xrightarrow{f} D'_m$。

算法 7-2 十字区域生长算法

Algorithm 1 Cross Region Growth Algorithm

Input：Edge image I', seed coordinate set S, step length k.

Output：Radius set R associated with seed set.

1：Initial R ← [ ]

2：for s in S do

3：　　Set rtmp ← (−1,−1), stmp ← s, i ← 0

4：　　while rtmp ! =(−1,−1) do

5：　　　i ← i+1

6：　　　Get edge status from stmp+(0,ik) as topStatus

7：　　　Get edge status from stmp+(−ik,0) as topStatus

8：　　　Get edge status from stmp+(0,−ik) as topStatus

9：　　　Get edge status from stmp+(ik,0) as topStatus

10：　　　if topStatus = 1 or leftStatus = 1 or bottomStatus = 1 or rightStatus = 1 then

11：　　　　rtmp ← ik

12：　　　end if

13：　　end while

14：　Push rtmp to R

15：end for

　　实际细胞分析场景中,病理图像中细胞数量很多。医学科学家在做标记的时候只可能用点来给每个细胞核做标记,而没有办法准确且高效地对每个细胞核做诸如分割的标记。甚至,有些图像只可能做图片级别的标注。在标注较少或者信息不全的情况下,为了能够通过我们的模型进行训练,我们对于医生的标记点进行区域扩充来实现目标掩码的生成。由于大多数细胞的形态趋于圆型,所以我们可以首先对于细胞的大小进行估计或者在医生告知细胞大小的基础上,将点标记放大到一个圆型区域,然后在该圆型区域内部进行值的填充。填充函数我们优先采用了二维高斯函数,然后采用二值函数进行对比。具体如下。

　　(1)十字区域生长算法估算半径。

　　我们通过四邻域边缘跟踪的区域生长算法改造的十字区域生长算法自动估计细胞半径。

　　令 I 表示整幅图像,采用 Canny 检测得到边缘图像 I',生长种子坐标为 s (x,y),来自于医学工作者的标记数据。从 s 开始向四个方向扩展 k 步长,一般

取 $k=1$,见算法 7-2。

(2)高斯填充与反高斯填充。

二维高斯填充方法首先构造一张和原始图像一样大小的空白图像 $M=\{0\}$。在 M 上对于每一个种子点 $s(x,y)$,以它为原点,以上述算法得到的 r 作为细胞的半径,限制出圆型区域 $A_c(s)$ 并填充二维高斯核。所有标记点处填充完之后就构成一张目标密度图 $H_l=\{P^1(x)\}$(x 表示像素坐标)。我们对这个核进行了正则化,值规范到了 $[0,1]$ 之间,即假设种子点的概率 $P_s=1$,背景 $M-A_c$ 的概率 $P_b=0$,而细胞非核的部分离核越远,概率越低。这样构造的标记可以很好地拟合核的置信概率。此外,当原始图像细胞中心为空白的时候,为了更好地使得数据具有一致性,我们采用反高斯填充,即 $P_c=0$,$P_b=1$,构成目标密度图是 $H_l=\{P^2(x)\}$。

见公式(7-2)(7-3):

$$P^1(x)=\begin{cases}\exp\{-\dfrac{1}{2}(x-\mu)^T\sum\nolimits^{-1}(x-\mu)\},x\in A_c\\\\0,x\in M-A_c\end{cases} \tag{7-2}$$

$$P^2(x)=\begin{cases}1-\exp\{-\dfrac{1}{2}(x-\mu)^T\sum\nolimits^{-1}(x-\mu)\},x\in A_c\\\\0,x\in M-A_c\end{cases} \tag{7-3}$$

二值填充和高斯填充一样的区域,区别是采用值 1 去填充圆型区域,见公式(7-4):

$$P(x)=\begin{cases}1,x\in A_c\\0,x\in M-A_c\end{cases} \tag{7-4}$$

基础网络设计方面,像素级别特征提取环节我们采用全卷积网络,和前述初期网络设计一致。该网络采用损失函数为公式(7-5):

$$L_1(y,\hat{y})=\frac{1}{n}\sum_{i=0}^{n-1}(y_i-\hat{y}_i)^2 \tag{7-5}$$

图像级别分类环节我们采用深度残差网络(ResNet),它在深度模型里表现优异。深度残差网络是通过简单的方式使得网络变得更深,但是却避免了梯度弥散或梯度爆炸。具体原理是把网络设计为 $H(x)=F(x)+x$,并转换为学习一个残差函数 $F(x)=H(x)-x$。只要 $F(x)=0$,就构成了一个恒等映射 $H(x)=x$,使得深层网络的后面那些层变为恒等映射就可以将模型从一个深层网络退化为一个浅层网络。而且,拟合残差更加容易。该部分的损失函数交叉熵见公式(7-6)：

$$L_2(y,\hat{y}) = -\frac{1}{n}\sum_{i=0}^{n-1}\left[\hat{y}_i\ln(y_i) + (1-\hat{y}_i)\ln(y_i)\right] \tag{7-6}$$

整体网络框架设计方面，我们有两个目标，一个是识别更多类的细胞，得到更泛化的网络，一个是弱监督多任务。所以我们分别将基础网络进行了整合。针对多类细胞的识别，我们采用了纵向扩展的多列并行网络，并且为了统一输入和减少权重，将底层进行了权重共享。针对弱监督和多任务，我们提出了一个压缩层，将像素级别信息和图片级别信息进行融合，构造联合损失函数以端到端地训练网络。

在多列设计方面，为了适应差异很大的图像的不同类别的特征提取的不同，我们对多个类别的图像用多个同质网络进行并列学习，但是共享底层，微调高层，减少了参数规模。我们可以通过多列网络输入单张图片，然后统一做一次卷积。之后就分开输入给和类别数一样多的并列网络，从而最终输出和类别数一样的密度图。通过后续联合损失函数的控制可以控制密度图分别提取原始图像的不同特征。

在压缩合并层设计方面，为了端到端地学习网络，我们必须保证输出的密度图和掩码图像保持一致，所以就有必要对于多通道得到的密度图进行压缩。我们通过分类信息对于多通道的输出进行监督。分类信息被当做加权信息和不同通道的图像进行叉乘。这样我们就合并得到了单通道的密度图可以和掩码图像做损失函数。同时，为了多任务学习，我们考虑了分类的准确性，将两个损失方法进行了组合，通过组合损失函数的学习，我们可以得到一个弱监督和多任务的综合网络。

我们的联合损失函数如公式(7-7)所示：

$$L_{joint}(y,\hat{y}) = \frac{1}{n}\sum_{i=0}^{n-1}(y_i-\hat{y}_i)^2 - \frac{\lambda}{n}\sum_{i=0}^{n-1}\left[\hat{y}_i\ln(y_i) + (1-\hat{y}_i)ln(y_i)\right] \tag{7-7}$$

在网络后处理策略方面，我们采用后处理程序作为补充。我们检测到密度图，然后将检测计数结果的值视为细胞计数结果。我们使用了非最大抑制(NMS)方法。通过检测框进行扫描，如果此框的中心正好是所有其他值的最大值并满足阈值要求，我们会记录并标记位置。否则，我们不做记录。最后，这些位置形成了检测和计数的最终结果。还可以根据手动阈值对密度图进行二值化以获得掩模图像。此外，我们还获得了分类结果，显示为矢量。我们挑选出最大的向量项的相关类别来得到我们的分类结果。分类结果如表 7-1 所列。

表 7-1　GCMN 分类结果

数据集	方法	精度(%)
乳腺癌细胞	GCMN	98.6
虚拟细胞	GCMN	99.3
视网膜细胞	GCMN	100
昆虫细胞	GCMN	100
细胞状囊泡	GCMN	100

细胞检测和计数的可视化结果如图 7-8 所示。

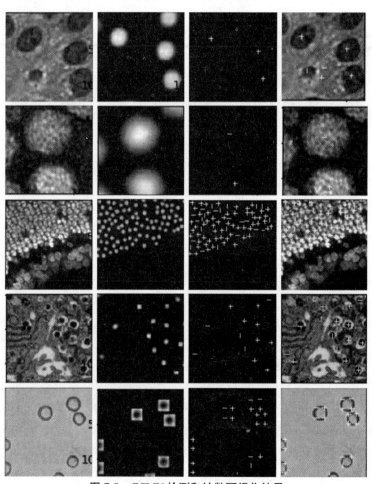

图 7-8　GCMN 检测和计数可视化结果

第8章 基于深度卷积生成对抗网络的虚拟病例库构建

深度学习是目前图像识别领域较为领先的技术方法,准确率较高,但是需要大量的数据进行训练。通常来讲,模型的准确度与训练数据的数量是正相关的。深度卷积生成对抗网络可以有效地根据训练得到的模型,对需要的图像进行生成,取得了良好的效果。因此,本书提出使用深度卷积生成对抗网络的方法,通过计算机根据模型生成的病理图像,构建虚拟病例库,为检测模型提供虚拟训练数据,以提高检测精度。

本章首先介绍了深度卷积生成对抗网络的理论原理和网络结构,以及构建虚拟病例库的方法与步骤,其次阐述对原始病理数据的预处理方法和参数说明,然后给出实验过程中的中间结果并进行了分析,最后设计并进行了若干组实验,分析不同设定下各自生成图像效果的优势与不足。

8.1 构建方法与步骤

8.1.1 生成对抗网络

生成对抗网络包括两个模型,生成式模型和判别式模型。判别式模型学习判断一个样本是模型生成出来的还是从原始数据中取出的,而生成式模型将与之竞争。可以把生成式模型比作一支伪造假币的团队,其目的在于生成处难以分辨的假币;同时,把判别式模型比作警察,其目的在于分辨出真币和假币。这场游戏中的竞争将会驱使两支团队不断提高各自的方法,直至假币难以分辨。

该框架可以使用多种类型的模型和优化算法进行训练,在此选择使用多层感知机,生成式模型通过将随机噪声输入多层感知机来获取生成样本,同时判别式模型也使用多层感知机进行分类判断,将此种结构称为对抗网络。在这种结构下,可以使用反向传播算法对模型进行训练,仅使用前向传播即可完成生成式模型的生成,不需要近似算法或者马尔科夫链算法。

　　当模型均为多层感知机时,对抗网络框架可以直接应用。为了学习生成者在数据 x 上的分布 p_g,定义输入噪声为变量 $p_z(z)$,然后将数据空间表示为 $G(z;\theta_g)$,其中 G 为表现为带有参数 θ_g 的多层感知机的可微方程。同时定义一个只输出单一标量的多层感知机 $D(x;\theta_d)$。$D(x)$ 表示 x 来自于真实数据而非 p_g 的可能性。训练判别器 D 以最大化断定训练样本和生成器 G 产生样本标签正确的可能性。同时训练生成器 G 以最小化 $\log(1-D(G(z)))$。如 (4-1)所示,训练价值函数 $V(G,D)$:

$$\min_G \max_D V(D,G) = \mathbb{E}_{x \sim p_{data}(x)}\big[\log D(x)\big] + \mathbb{E}_{z \sim p_z(z)}\big[\log(1-D(G(z)))\big]$$

$$(8\text{-}1)$$

　　训练过程如算法 8-1 所示,设定超参数 k,在一次迭代训练中,首先对判别器训练 k 次,取 m 个噪声样本和 m 个原始数据样本更新梯度进行训练;然后对生成器训练一次,取 m 个噪声样本更新梯度进行训练。这样只要生成器 G 更新得足够慢,便可以使判别器 D 保持在其最优解附近。

算法 8-1　使用小批量随机梯度下降法对生成对抗网络进行训练

输入:初始判别式模型和生成式模型,训练迭代次数 n,超参数 k

输出:训练后判别式模型和生成式模型

1: for n do

2:　　for k do

3:　　　　在噪声分布 $p_g(z)$ 中小批量采样 m 个噪声样本 $\{z^{(1)},\cdots,z^{(m)}\}$

4:　　　　在原始数据分布 $p_{data}(x)$ 中小批量采样 m 个样本 $\{x^{(1)},\cdots,x^{(m)}\}$

5:　　　　根据上升随机梯度更新判别器:

$$\nabla_{\theta_d} \frac{1}{m}\sum_{i=1}^{m}\big[\log D(x^{(i)}) + \log(1-D(G(z^{(i)})))\big]$$

6:　　end for

7:　　在噪声分布 $p_g(z)$ 中小批量采样 m 个噪声样本 $\{z^{(1)},\cdots,z^{(m)}\}$

8:　　根据上升随机梯度更新生成器:

$$\nabla_{\theta_g} \frac{1}{m}\sum_{i=1}^{m}\log(1-D(G(z^{(i)})))$$

9: end for

8.1.2 深度卷积生成对抗网络

深度卷积生成对抗网络将监督学习中的卷积神经网络引入到无监督学习中的生成对抗网络任务中,利用卷积神经网络的特征提取能力来提高生成网络的学习效果。如图 8-1 所示,其生成网络的结构使用反卷积层替代了池化层,除输入层外均使用了 Batch Normalization,去掉了所有的全连接层并使用 ReLU 作为激活函数。通过训练得到生成网络,输入随机向量即可生成虚拟病理切片。

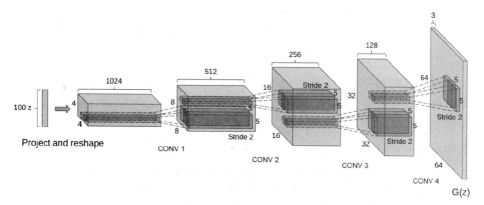

图 8-1 生成网络结构

8.1.3 构建虚拟病例库

使用深度卷积生成对抗网络算法训练得到生成模型,并利用该生成模型生成切片图像后,由于构建的虚拟病例库需要在 level-3 尺度,而生成图像是 level-0 尺度,需要对生成图像进行 8 倍降采样。

生成一系列切片图像并将其聚合为虚拟癌症区域后,下一步工作是将其嵌入到正常区域内,形成虚拟病例,为接下来的中尺度检测提供更多的训练数据,提高检测效果。

首先,从正常的全切片图像中,在中尺度 level-3 上,截取一系列固定 512×512 大小的图像,称之为切块;其次,利用生成的切片图像,聚合而成为虚拟癌症区域;然后将虚拟癌症区域大小与位置均随机地嵌入到正常区域切块中;最后,生成标注数据,完成虚拟病例库的构建,将得到的虚拟数据加入训练数据集中。

8.2　采样方式与参数说明

8.2.1　采样方式

深度卷积生成对抗网络需要的训练数据格式为统一固定大小图像，边长约数百像素。由于原始数据在 level-0 下为约 10 万×20 万像素的全切片图像，需要对其进行采样和裁剪，以合适的大小获取所需的癌症区域图像。

对于一份全切片图像，通过解析标注文件，寻找癌症区域上下左右边界点，可以得到每个癌症区域所在左上点坐标和长度高度信息。在这个包围了癌症区域的最小矩形中，可以近似认为其对角线长度即为该癌症区域最长轴长度。根据分类阈值表即可首先对由该癌症区域截取出的切片分类，标记为对应类型的以待训练。

对每个癌症区域矩形外接框以一个固定窗口进行扫描，设定窗口大小、采样步长、选取阈值等参数，即可以得到若干固定大小的切片图像，作为原始数据进行训练。

切片边长等于扫描窗口大小，其设定将影响训练效果，因此将设定三个不同的边长，分别为 $128\times128,256\times256,512\times512$，分别采样并进行训练，根据分析实验效果选定合适的边长设定。

采样步长即为扫描癌症区域矩形外接框截取切片时每一次扫描时窗口移动的距离。当采样步长等于扫描窗口大小时，训练数据完全没有重叠，但数据数量较少；当采样步长小于扫描窗口大小时，训练数据将存在部分重叠，但数据数量将会增加。在实际操作时，将根据需求的数据数量，调整采样步长。

选取阈值指窗口内癌症区域面积占窗口总面积的比例。由于癌症区域形状不规则，边缘部分弯曲，在使用矩形窗口扫描时难免覆盖边缘，导致窗口内一部分为癌症区域，一部分为正常区域。设定该阈值以筛选需要的切片，选取阈值高，则切片内癌症区域比例高，生成效果好，但会减少数据量；选取阈值低，则切片内癌症区域比例低，生成效果差，但可以增加数据量。同样，在实际操作时，将根据需求数据量和生成效果的权衡，调整选取阈值。

8.2.2　参数说明

训练遍数 Epoch：将所有训练数据依次放入模型，遍历一次为一遍。该参数越大,训练越充分,耗费的时间也越长。在实验中,设置了较大的训练遍数,以便观察不同训练遍数下的损失函数优化曲线和生成结果的变化过程,寻找一个合适的训练遍数以在有限的时间内获得最好的结果,并防止训练过多造成过拟合现象。

学习率 Learning_rate:深度卷积神经网络使用 Adam optimizer(Adaptive Moment Estimation)作为优化器,该优化器本质上是带有动量项的 RMSprop,它利用梯度的一阶矩估计和二阶矩估计动态调整每个参数的学习率。Adam 的优点是经过偏置校正后,每一次迭代学习率会在一个确定范围之内,从而使得参数平稳。在此,将学习率设置为默认的 0.000 2,训练时即可较快地收敛。

批尺寸 Batch_size:该网络使用批梯度下降法进行训练。由于数据集较大,内存空间有限,一次训练中输入所有的训练数据是不可以实现的;而一次训练只输入一条训练数据,又会导致难以收敛的问题。因此采用选取适中批尺寸的方法进行训练。增大批尺寸可以提高内存率,提高大矩阵乘法的并行化效率,减少一次 epoch 花费的时间,加快训练速度。一般情况下,批尺寸越大,其确定的下降方向越准,引起训练震荡越小。由于实验使用的显卡显存为 4G,故批尺寸将按照这个限制进行设计,根据切片边长有所不同。

输入切片边长 input_height/input_width:即训练数据的图像高度和宽度,在此将高度和宽度设置为相同,统称为边长。切片边长的设置将影响到实验效果,因此在实验中对该参数设置了不同取值下的对比试验。

输出切片边长 output_height/output_width:即生成数据的图像高度和宽度,在此将高度和宽度设置为相同,统称为边长。为使生成图像与训练图像处于相同尺度,在此将输出切片边长设置为与输入切片边长相等。

8.3 实验过程

8.3.1 参数设置

表 8-1 为采样与训练参数,选取 Micro 类型为例对训练过程进行详细说明。为了获得更大的视野,保留细胞间组织结构信息,减少正常细胞和其他组织细胞对生成结果的影响,将切片边长定为 512。由于 Micro 类型带有标注的全切片数量有限,并且 Micro 类型区域面积较小,为了采样到更多的数据,将采样步

长定为 128，允许数据间在图像内容上一部分的重合。为了生成较为纯净的癌症细胞图像，将选取阈值定为 1。按照如上设定，在 Camlyon16 的训练集和测试集、Camlyon17 的训练集中进行采样，得到了 18389 张原始图像数据，作为训练数据放入深度卷积生成对抗网络中使用 TensorFlow 进行训练。将训练遍数设定为 30，学习率设定为 0.000 2，为充分利用显卡的显存资源，批尺寸设定为 6，显存利用率达 93%。

表 8-1　采样与训练参数

参数项	参数值
切片边长	512
采样步长	128
选取阈值	1
训练数据量	18 389
训练遍数	30
学习率	0.000 2
批尺寸	6

如表 8-2 所列，使用单机单卡进行实验。操作系统为 64 位的 Ubuntu 16.04 LTS 版本，深度学习框架采用 TensorFlow 1.2.1 进行模型训练。

表 8-2　实验环境

中央处理器	Intel Core i7-4790K 4.00GHz×8
显卡	NVIDIAGTX970
内存	16G
显存	4G
操作系统	64 位 Ubuntu 16.04 LTS
深度学习框架	TensorFlow 1.2.1

8.3.2 中间结果

图 8-2、图 8-3 是训练过程中判别模型和生成模型的损失函数变化曲线,随着训练次数的增加,损失函数是以先快后慢的速度下降的。在 $0\sim 10$ k 时下降速度非常快,然后开始减慢,在大约 40 k 时进入平缓期,50 k 之后下降程度不大。损失函数随着训练的降低说明结果收敛,训练时有效的,即随着训练的增加,判别式模型的判别能力和生成式模型的生成能力都在提高,最终达到均衡状态。损失函数进入稳定的时刻,说明模型能力已经达到最优,再增加训练次数将会耗费大量的时间而收获较小的效果提升,因此训练可以在大约 50 k 次时停止即可。

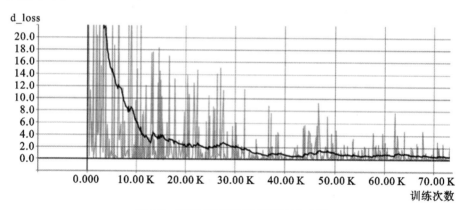

图 8-2 判别式模型损失函数变化曲线

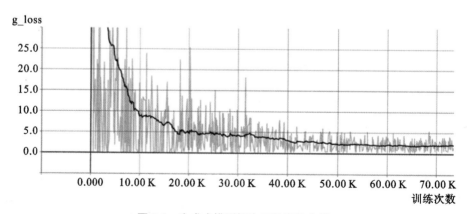

图 8-3 生成式模型损失函数变化曲线

以下列举了每个 epoch 结束后的效果图。

图 8-4 是 epoch 0～9 的生成效果。由图可知,在训练的一开始,生成出的图像基本就是随机噪声;随着训练的进行,到 epoch2 时开始展现出整体的轮廓和分布;到 epoch7 时出现可辨认的细胞;到 epoch9 时细胞之间的边界明显,尤其是正常细胞。

图 8-5 是 epoch10～19 的生成效果。由图可知,到 epoch13 时,癌症细胞开始逐渐清晰;到 epoch17 时,癌症细胞核正常细胞可以清晰分辨,同时区域边界明显。

图 8-6 是 epoch20～29 到生成效果。由图可知,此时生成图的变化已经不像前面那样明显,但可以看到细节部分仍然在改善;到 epoch21 时,可以看到淋巴管与细胞之间清晰的边界;到 epoch24 时,可以看到癌症细胞的内部细节较之前更加丰富;到 epoch27 时,癌症细胞之间的位置关系更加符合真实图像。

以上分析表明,生成效果是由整体到局部、由结构到细节逐步提高的。

8.3.3　时间效率

如表 8-3 所列,是本次实验训练的时间效率统计结果。为得到良好的生成效果,总训练用时是较长的。如果使用更大显存的显卡,增大批尺寸,训练时间会有所减少。

表 8-3　时间效率

	时间
训练每批(patch)	2.5 s
训练每遍(epoch)	7 615 s
训练用时总计	64 h

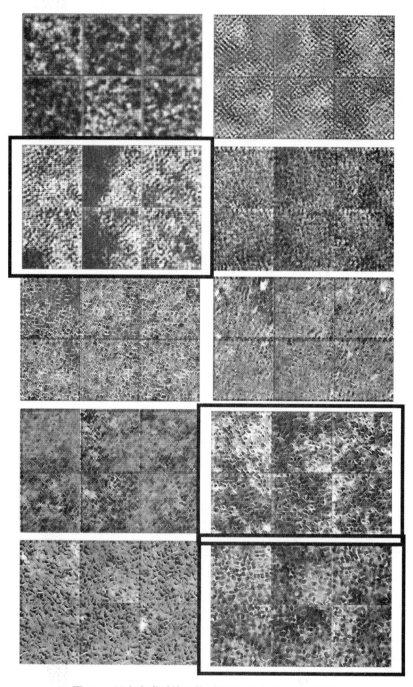

图 8-4 深度生成对抗网络训练 0～9 个 Epoch 的结果

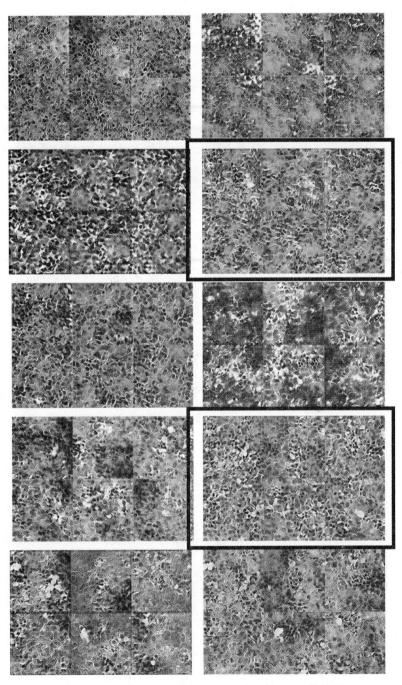

图 8-5　深度生成对抗网络训练 10～19 个 Epoch 的结果

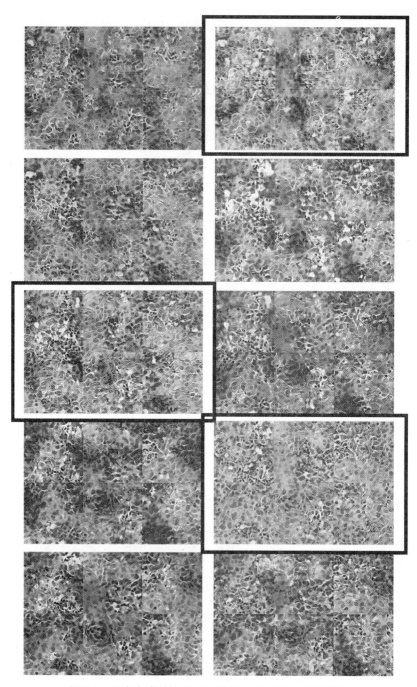

图 8-6　深度生成对抗网络训练 20~29 个 Epoch 的结果

8.4　生成结果与分析

由于病理全切片图像的特点，需要对其进行采样，而不同的采样方式会产出不同的训练数据，在数据数量、数据质量和数据特征上有所不同，进而影响最终的训练效果。针对切片边长、采样步长和选取阈值三个采样指标来说：切片边长越大，数据数量越少，就会包含更多的细胞和更丰富的组织结构关系；采样步长越大，数据数量越少，数据重合度越低，采样步长与切片边长相等时数据重合度为零；选取阈值越接近 1，在默认标注区域内均为癌细胞的情况下（实际上由于人体结构的复杂，癌细胞和正常细胞是混杂在一起的，由于标注成本的约束，标注区域内是可能存在少量正常细胞的）数据质量越高，但数据数量会因此减少。

深度学习方法需要大量的训练数据，一般情况下，训练效果和训练数据数量是呈正相关的。因此，根据情况选取不同的采样方式，目的是既保证数据数量，又提高数据质量、丰富数据特征，设计并进行了如下实验，对生成结果进行了分析。

8.4.1　各区域类型生成结果

（1）ITC 类型。

由于 ITC 区域面积过小，原始数据中大多的 ITC 只由几个细胞组成，无法形成可供采样的区域；由于训练数据要求是固定大小，而无法区域采样的 ITC 只能将其全部截取，但是 ITC 面积分布从几像素到上百像素不等，无法选取合适的固定大小；标注数据中，ITC 的数量只有几十张，使用全部截取的方式也只能得到几十张训练数据。以上三点均是不满足深度卷积生成对抗网络对数据量要求的原因，故而不对 ITC 类型进行生成训练。

（2）Normal 类型。

图 8-7 是 Normal 类型的原始训练图像。Normal 类型是正常细胞，这类区域类型原始数据量非常充足，在虚拟病例库并不需要。但为了观察深度卷积生成对抗网络对该类细胞的生成效果，与癌症细胞生成效果作对比，对 Normal 类型进行了训练。

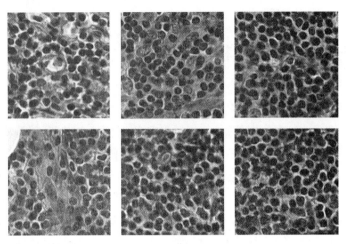

图 8-7　Normal 原始训练图像

图 8-8 是 Normal 类型的生成图像。正常细胞是分化完成的成熟细胞,不再进行有丝分裂,故而在染色后,染色体是紧密连接在一起的。体现在图像上,正常细胞具有体积较小、染色部分色彩浓厚、紧实的特点。通过观察可以发现,生成的细胞具有如上特征。因此得出结论,该方法对于生成 Normal 类型图像是有效的。

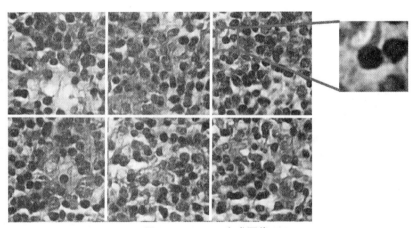

图 8-8　Normal 生成图像

(3)Micro 类型。

图 8-9 是 Micro 类型的原始训练图像。Micro 类型是中等大小的癌症区域类型,实际尺寸分布在 0.2～2 mm 之间,对应 level-0 上像素在 850～8 500 之

间。该类型处于癌症的发展期,癌细胞已经聚集形成区域,在高尺度下已经可以观察得到。但是由于区域面积较小并且形态不规则、不完整,实际检测中识别率有提高的空间。

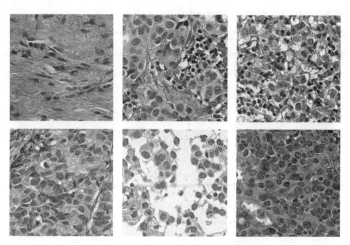

图 8-9　Micro 原始训练图像

图 8-10 是 Micro 类型的生成图像。Micro 类型中大部分为癌症细胞,多混杂有正常细胞。生成图像亦具有如上特点,并且癌症细胞内部结构较为清晰,在整体视角上可以明确分辨。因此得出结论,该方法对于生成 Micro 类型图像是有效的。

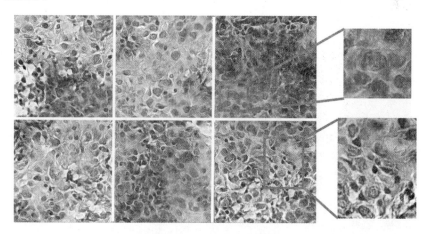

图 8-10　Micro 生成图像

(4)Macro 类型。

图 8-11 是 Macro 类型的原始训练图像。Macro 类型是大型的癌症区域类型,实际尺寸大于 2 mm,对应 level-0 上像素大于 8 500。该类型处于癌症的成熟期,癌细胞急速扩大,在高尺度下已经可以非常明显观察得到,形态呈圆型向外扩散,规则完整,内部几乎均为癌症细胞,组织结构极为明显。

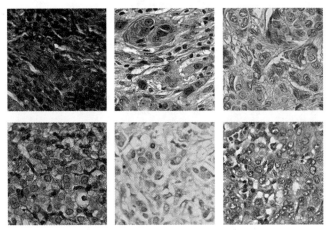

图 8-11 Macro 原始训练图像

图 8-12 是 Macro 类型的生成图像。Macro 类型中几乎都是癌症细胞,并且处于旺盛的有丝分裂中,癌症细胞特征非常明显,组织特征整齐划一。生成图像在整体结构上与训练图像一致,因此得出结论,该方法对于生成 Macro 类型图像是有效的。

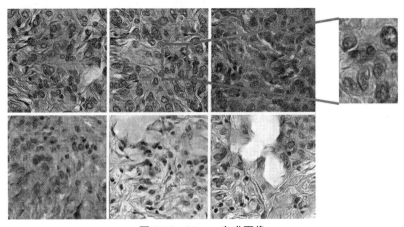

图 8-12 Macro 生成图像

8.4.2　不同切片边长生成结果

选取 128、256 和 512 三个不同的切片边长进行实验。不同边长表示着不同的视角,在边长较大时,切片内包含有更多的细胞,细胞与细胞之间的组织结构特征也得以很好地体现;而当边长较小时,切片内包含的细胞较少,难以观察到组织结构特征,但聚集到了更多的细胞内部细节信息。

在此使用 Micro 类型原始数据进行实验,并将选取阈值设定为 1、128 和256 边长实验中采样步长设定与边长相等,512 边长实验中为获得更多的数据,将采样步长设定为 128。如下为实验结果,可以看到不同切片边长下的效果。

图 8-13 是边长 128 时的生成效果。从图中可以看到,大部分结果效果良好,切片中既有癌症细胞,也存在正常细胞,且正常细胞效果较好。但是癌症细胞的生成效果较差,并且癌症细胞与正常细胞的数量比例不合适。同时,由于切片过小,从单张切片中无法体现组织的整体结构信息,如癌症细胞与血管、淋巴管的位置关系,癌症细胞聚集区域形状大小等信息是缺失的,生成细节部分并无突出优势。

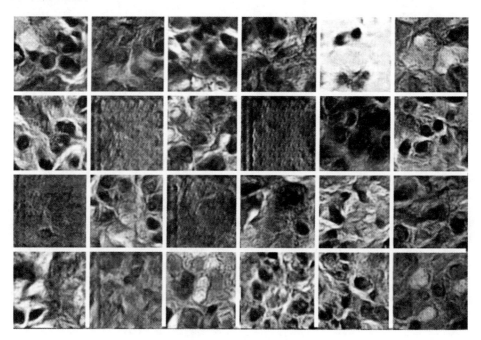

图 8-13　边长 128 生成结果

图 8-14 是边长 256 时的生成结果。从图中可以看到，几乎所有结果效果均为良好，切片中既有癌症细胞也有正常细胞，且正常细胞和癌症细胞效果均较好。癌症细胞与正常细胞的数量比例较合适。单张切片中可以在一定程度上体现组织的整体结构信息，如癌症细胞与血管、淋巴管的位置关系，但是癌症细胞聚集区域形状大小较为缺失，生成细节部分无优势。

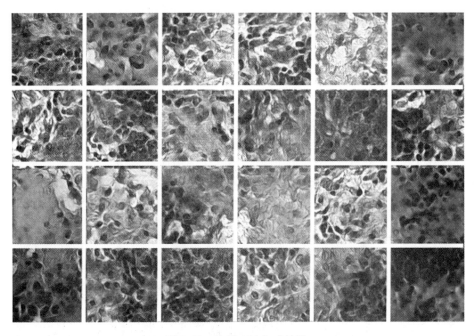

图 8-14　边长 256 生成结果

图 8-15 是边长 512 的生成结果。从图中可以看到，所有结果效果良好，切片中既有癌症细胞也有正常细胞，正常细胞与癌症细胞的效果均为良好，癌症细胞与正常细胞的数量比例非常合适。同时，由于切片较大，从单张切片中可以很好地体现组织的整体结构信息，如癌症细胞与血管、淋巴管的位置关系，癌症细胞聚集区域形状大小等信息。细节部分无优势。

图 8-16 是由生成图像聚合后随机嵌入正常区域切块中构建而成的虚拟病例库，绿色框标注了其中癌症区域的位置。该虚拟病例库可以根据需要提供不同癌症区域大小、不同癌症区域类型、不同图片大小等各类数据，满足模型训练的数据要求。

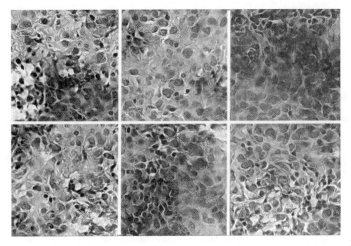

图 8-15　边长 512 生成结果

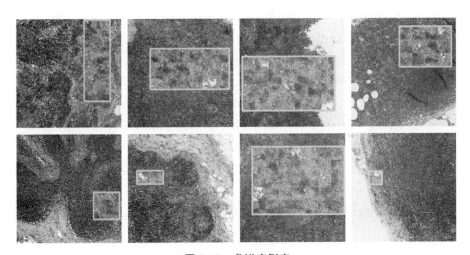

图 8-16　虚拟病例库

　　病理图像虚拟病例库是由本书首次提出,在一定程度上接近真实病例,但是仍然存在一些待改进之处,例如,癌症区域边缘过于规则,而边缘不规则更加符合真实情况,癌症区域与正常区域染色水平不一致,需要进行颜色归一化等,后续研究将针对这些进行进一步的改进。

参考文献

[1] PENG H. Bioimage informatics: a new area of engineering biology [J]. Bioinformatics, 2008, 24(17): 1827-1836.

[2] PENG H, BATEMAN A, VALENCIA A, et al. Bioimage informatics: a new category in Bioinformatics [J]. Bioinformatics, 2012, 28(8): 1057.

[3] DANUSER G. Computer vision in cell biology [J]. Cell, 2011, 147(5): 973-978.

[4] SWEDLOW J R, GOLDBERG I G, ELICEIRI K W, et al. Bioimage informatics for experimental biology [J]. Annual review of biophysics, 2009, 38:327-346.

[5] BYUN J, VERARDO M R, SUMENGEN B, et al. Automated tool for the detection of cell nuclei in digital microscopic images: application to retinal images [J]. Molecular vision, 2006, 12:949-960.

[6] CHAN L L, LAVERTY D J, SMITH T, et al. Accurate measurement of peripheral blood mononuclear cell concentration using image cytometry to eliminate RBC-induced counting error [J]. Journal of immunological methods, 2013, 388(1-2): 25-32.

[7] SIMONSON L W, GANZ J, MELANCON E, et al. Characterization of enteric neurons in wild-type and mutant zebrafish using semi-automated cell counting and co-expression analysis [J]. Zebrafish, 2013, 10(2): 147-153.

[8] HONG D, LEE G, JUNG N C, et al. Fast automated yeast cell counting algorithm using bright-field and fluorescence microscopic images [J]. Biological procedures online, 2013, 15(1): 13.

[9] BROWN K M, BARRIONUEVO G, CANTY A J, et al. The DIADEM data sets: representative light microscopy images of neuronal morphology

to advance automation of digital reconstructions [J]. Neuroinformatics, 2011, 9(2-3): 143-157.

[10] COHEN KADOSH R, ELLIOTT P. Neuroscience: Brain stimulation has a long history [J]. Nature, 2013, 500(7464): 529.

[11] YANG J, GONZALEZ-BELLIDO P T, PENG H. A distance-field based automatic neuron tracing method [J]. BMC bioinformatics, 2013, 14: 93-113.

[12] XIAO H, PENG H. APP2: automatic tracing of 3D neuron morphology based on hierarchical pruning of a gray-weighted image distance-tree [J]. Bioinformatics, 2013, 29(11): 1448-1454.

[13] WIEMKER R, KLINDER T, BERGTHOLDT M, et al. A radial structure tensor and its use for shape-encoding medical visualization of tubular and nodular structures [J]. IEEE transactions on visualization and computer graphics, 2013, 19(3): 353-366.

[14] BOROWSKI M, GIOVINO-DOHERTY M, JI L, et al. Basic pluripotent stem cell culture protocols [M]. StemBook. Cambridge (MA). 2008.

[15] BRACKE M E, BOTERBERG T, BRUYNEEL E A, et al. Collagen invasion assay [J]. Methods in molecular medicine, 2001, 58:81-89.

[16] LAMPRECHT M R, SABATINI D M, CARPENTER A E. CellProfiler: free, versatile software for automated biological image analysis [J]. BioTechniques, 2007, 42(1): 71-85.

[17] DOUGLAS M A, TRUS B L. An introduction to image processing in medical microscopy [J]. Medical progress through technology, 1989, 15 (3-4): 109-140.

[18] GUNZER U, AUS H M, HARMS H. High resolution image analysis [J]. The journal of histochemistry and cytochemistry: official journal of the Histochemistry Society, 1987, 35(6): 705-716.

[19] CARPENTER A E, JONES T R, LAMPRECHT M R, et al. CellProfiler: image analysis software for identifying and quantifying cell phenotypes [J]. Genome biology, 2006, 7(10): R100.

[20] SOUFRAS G D, HAHALIS G, KOUNIS N G. Relation between white

blood cell count and infarct size: what about differential? [J]. The American journal of cardiology, 2014, 113(2): 412.

[21] QU X, ZHAI Z, LIU X, et al. Evaluation of white cell count and differential in synovial fluid for diagnosing infections after total hip or knee arthroplasty [J]. PloS one, 2014, 9(1): e84751.

[22] FURLAN J C, VERGOUWEN M D, FANG J, et al. White blood cell count is an independent predictor of outcomes after acute ischaemic stroke [J]. European journal of neurology: the official journal of the European Federation of Neurological Societies, 2014, 21(2): 215-222.

[23] FUJITA K, HOSOMI M, NAKAGAWA M, et al. White blood cell count is positively associated with benign prostatic hyperplasia [J]. International journal of urology: official journal of the Japanese Urological Association, 2014, 21(3): 308-312.

[24] ALVES-JUNIOR E R, GOMES L T, RIBATSKI-SILVA D, et al. Assumed White Blood Cell Count of 8,000 Cells/muL Overestimates Malaria Parasite Density in the Brazilian Amazon [J]. PloS one, 2014, 9 (4): e94193.

[25] DEMANDOLX D, DAVOUST J. Multiparameter image cytometry: from confocal micrographs to subcellular fluorograms [J]. Bioimaging, 1997, 5(3): 159-169.

[26] MALPICA N, DE SOLORZANO C O, VAQUERO J J, et al. Applying watershed algorithms to the segmentation of clustered nuclei [J]. Cytometry, 1997, 28(4): 289-297.

[27] FATICHAH C, TANGEL M L, WIDYANTO M R, et al. Interest-Based Ordering for Fuzzy Morphology on White Blood Cell Image Segmentation [J]. JACIII, 2012, 16(1): 76-86.

[28] USAJ M, TORKAR D, KANDUSER M, et al. Cell counting tool parameters optimization approach for electroporation efficiency determination of attached cells in phase contrast images [J]. Journal of microscopy, 2011, 241(3): 303-314.

[29] TYRRELL J A, INSTITUTE R P. Modeling and Analysis of Tubular Structures in Medical Images: With Applications to Fluorescence

Microscopy [M]. Rensselaer Polytechnic Institute, 2006.

[30] SVOBODA K. The past, present, and future of single neuron reconstruction [J]. Neuroinformatics, 2011, 9(2-3): 97-108.

[31] COHEN A R, ROYSAM B, TURNER J N. Automated tracing and volume measurements of neurons from 3-D confocal fluorescence microscopy data [J]. Journal of microscopy, 1994, 173(Pt 2): 103-114.

[32] MEIJERING E. Neuron tracing in perspective [J]. Cytometry Part A: the journal of the International Society for Analytical Cytology, 2010, 77(7): 693-704.

[33] AL-KOFAHI K A, LASEK S, SZAROWSKI D H, et al. Rapid automated three-dimensional tracing of neurons from confocal image stacks [J]. IEEE transactions on information technology in biomedicine: a publication of the IEEE Engineering in Medicine and Biology Society, 2002, 6(2): 171-387.

[34] AYLWARD S R, BULLITT E. Initialization, noise, singularities, and scale in height ridge traversal for tubular object centerline extraction [J]. IEEE transactions on medical imaging, 2002, 21(2): 61-75.

[35] HE W, HAMILTON T A, COHEN A R, et al. Automated three-dimensional tracing of neurons in confocal and brightfield images [J]. Microscopy and microanalysis: the official journal of Microscopy Society of America, Microbeam Analysis Society, Microscopical Society of Canada, 2003, 9(4): 296-310.

[36] PENG H, RUAN Z, ATASOY D, et al. Automatic reconstruction of 3D neuron structures using a graph-augmented deformable model [J]. Bioinformatics, 2010, 26(12): i38-46.

[37] YUAN X, TRACHTENBERG J T, POTTER S M, et al. MDL constrained 3-D grayscale skeletonization algorithm for automated extraction of dendrites and spines from fluorescence confocal images [J]. Neuroinformatics, 2009, 7(4): 213-232.

[38] SCHMITT S, EVERS J F, DUCH C, et al. New methods for the computer-assisted 3-D reconstruction of neurons from confocal image stacks [J]. NeuroImage, 2004, 23(4): 1283-1298.

[39] VASILKOSKI Z, STEPANYANTS A. Detection of the optimal neuron traces in confocal microscopy images [J]. Journal of neuroscience methods, 2009, 178(1): 197-204.

[40] CAI H, XU X, LU J, et al. Using nonlinear diffusion and mean shift to detect and connect cross-sections of axons in 3D optical microscopy images [J]. Medical image analysis, 2008, 12(6): 666-675.

[41] CAI H, XU X, LU J, et al. Repulsive force based snake model to segment and track neuronal axons in 3D microscopy image stacks [J]. NeuroImage, 2006, 32(4): 1608-1620.

[42] SRINIVASAN R, LI Q, ZHOU X, et al. Reconstruction of the neuromuscular junction connectome [J]. Bioinformatics, 2010, 26(12): i64-70.

[43] KOBATAKE H, HASHIMOTO S. Convergence index filter for vector fields [J]. IEEE transactions on image processing: a publication of the IEEE Signal Processing Society, 1999, 8(8): 1029-1238.

[44] QUELHAS P, MARCUZZO M, MENDONCA A M, et al. Cell nuclei and cytoplasm joint segmentation using the sliding band filter [J]. IEEE transactions on medical imaging, 2010, 29(8): 1463-1473.

[45] YAN Z, ZHAN Y, PENG Z, et al. Multi-Instance Deep Learning: Discover Discriminative Local Anatomies for Bodypart Recognition [J]. IEEE Transactions on Medical Imaging, 2016, 35(5): 1332-1343.

[46] MADABHUSHI A, LEE G. Image analysis and machine learning in digital pathology: Challenges and opportunities [J]. Medical Image Analysis, 2016, 33(1)70-85.

[47] BROSCH T, TANG L Y W, YOO Y, et al. Deep 3D Convolutional Encoder Networks With Shortcuts for Multiscale Feature Integration Applied to Multiple Sclerosis Lesion Segmentation [J]. IEEE Transactions on Medical Imaging, 2016, 35(5): 1229-1239.

[48] SMISTAD E, FALCH T L, BOZORGI M, et al. Medical image segmentation on GPUs-A comprehensive review [J]. Medical Image Analysis, 2015, 20(1): 1-18.

[49] GROBHOLZ R. Digital pathology. The time has come! [J]. Pathologe,

2018，39(3)：228-235.

[50] TAJBAKHSH N，SHIN J Y，GURUDU S R，et al. Convolutional Neural Networks for Medical Image Analysis：Full Training or Fine Tuning? [J]. IEEE Transactions on Medical Imaging，2016，35(5)：1299-1312.

[51] SHIN H C，ROTH H R，GAO M，et al. Deep Convolutional Neural Networks for Computer-Aided Detection：CNN Architectures，Dataset Characteristics and Transfer Learning [J]. IEEE Transactions on Medical Imaging，2016，35(5)：1285-1298.

[52] ANTHIMOPOULOS M，CHRISTODOULIDIS S，EBNER L，et al. Lung Pattern Classification for Interstitial Lung Diseases Using a Deep Convolutional Neural Network [J]. IEEE Transactions on Medical Imaging，2016，35(5)：1207-1216.

[53] LEE J J，JEDRYCH J，PANTANOWITZ L，et al. Validation of Digital Pathology for Primary Histopathological Diagnosis of Routine，Inflammatory Dermatopathology Cases [J]. Am J Dermatopath，2018，40(1)：17-23.

[54] ACS B，RIMM D L. Not Just Digital Pathology，Intelligent Digital Pathology [J]. Jama Oncol，2018，4(3)：403-414.

[55] HAROSKE G，ZWONITZER R，HUFNAGL P，et al. "Digital Pathology in Diagnostics" guideline. Reporting on digital images [J]. Pathologe，2018，39(3)：216-221.

[56] SANTOS G D，HANNA M G，PANTANOWITZ L. Why is digital pathology in cytopathology lagging behind surgical pathology? [J]. Cancer Cytopathol，2017，125(7)：519-520.

[57] JUNEJA S，JUNEJA M. Virtual digital pathology：The future is near [J]. Indian J Pathol Micr，2017，60(2)：306-317.

[58] SONG Y，TAN E L，JIANG X，et al. Accurate Cervical Cell Segmentation from Overlapping Clumps in Pap Smear Images [J]. IEEE Transactions on Medical Imaging，2017，36(1)：288-300.

[59] EHTESHAMI BEJNORDI B，VETA M，JOHANNES VAN DIEST P，et al. Diagnostic Assessment of Deep Learning Algorithms for Detection

of Lymph Node Metastases in Women With Breast Cancer [J]. JAMA, 2017, 318(22): 2199-2210.

[60] XING F, XIE Y, YANG L. An Automatic Learning-Based Framework for Robust Nucleus Segmentation [J]. IEEE Transactions on Medical Imaging, 2016, 35(2): 550-566.

[61] SU H, YIN Z, HUH S, et al. Interactive Cell Segmentation Based on Active and Semi-Supervised Learning [J]. IEEE Transactions on Medical Imaging, 2016, 35(3): 762-777.

[62] SU H, XING F, YANG L. Robust Cell Detection of Histopathological Brain Tumor Images Using Sparse Reconstruction and Adaptive Dictionary Selection [J]. IEEE Transactions on Medical Imaging, 2016, 35(6): 1575-1586.

[63] ZHANG S, METAXAS D. Large-Scale medical image analytics: Recent methodologies, applications and Future directions [J]. Medical Image Analysis, 2016, 33:98-101.

[64] SUI D, WANG K. A counting method for density packed cells based on sliding band filter image enhancement [J]. Journal of microscopy, 2013, 250(1): 42-49.

[65] XU J, JANOWCZYK A, CHANDRAN S, et al. A high-throughput active contour scheme for segmentation of histopathological imagery [J]. Med Image Anal, 2011, 15(6): 851-862.

[66] LEE J G, CHOI K C, YEON S H, et al. Enhanced image similarity analysis system in digital pathology [J]. Multimed Tools Appl, 2017, 76(23): 25477-25494.

[67] TU Z, BAI X. Auto-context and its application to high-level vision tasks and 3D brain image segmentation [J]. IEEE transactions on pattern analysis and machine intelligence, 2010, 32(10): 1744-1757.

[68] VETA M, VAN DIEST P J, WILLEMS S M, et al. Assessment of algorithms for mitosis detection in breast cancer histopathology images [J]. Medical Image Analysis, 20(1): 237-248.

[69] VERGANI A, REGIS B, JOCOLLE G, et al. Noninferiority Diagnostic Value, but Also Economic and Turnaround Time Advantages From

Digital Pathology [J]. Am J Surg Pathol, 2018, 42(6): 841-852.

[70] MERCAN E, SHAPIRO L G, BRUNYE T T, et al. Characterizing Diagnostic Search Patterns in Digital Breast Pathology: Scanners and Drillers [J]. J Digit Imaging, 2018, 31(1): 32-41.

[71] BUHL S, NEUMANN B, SCHAFER S C, et al. Automatic cell segmentation in strongly agglomerated cell networks for different cell types [J]. International journal of computational biology and drug design, 2014, 7(2-3): 259-277.

[72] LU C, MANDAL M. Toward automatic mitotic cell detection and segmentation in multispectral histopathological images [J]. IEEE journal of biomedical and health informatics, 2014, 18(2): 594-605.

[73] DEHLINGER D, SUER L, ELSHEIKH M, et al. Dye free automated cell counting and analysis [J]. Biotechnology and bioengineering, 2013, 110(3): 838-847.

[74] MAREK M, VAN OERS M M, DEVARAJ F F, et al. Engineering of baculovirus vectors for the manufacture of virion-free biopharmaceuticals [J]. Biotechnology and bioengineering, 2011, 108(5): 1056-1067.

[75] BENNINK H E, VAN ASSEN H C, STREEKSTRA G J, et al. A novel 3D multi-scale lineness filter for vessel detection [J]. Medical image computing and computer-assisted intervention: MICCAI International Conference on Medical Image Computing and Computer-Assisted Intervention, 2007, 10(Pt 2): 436-443.

[76] MANNIESING R, VIERGEVER M A, NIESSEN W J. Vessel enhancing diffusion: a scale space representation of vessel structures [J]. Medical image analysis, 2006, 10(6): 815-825.

[77] NARAYANASWAMY A, WANG Y, ROYSAM B. 3-D image pre-processing algorithms for improved automated tracing of neuronal arbors [J]. Neuroinformatics, 2011, 9(2-3): 219-231.

[78] XIE J, ZHAO T, LEE T, et al. Anisotropic path searching for automatic neuron reconstruction [J]. Medical image analysis, 2011, 15 (5): 680-689.

[79] QU L, PENG H. A principal skeleton algorithm for standardizing

confocal images of fruit fly nervous systems [J]. Bioinformatics, 2010, 26(8): 1091-1097.

[80] ABDOLI M, DIERCKX R A, ZAIDI H. Contourlet-based active contour model for PET image segmentation [J]. Medical physics, 2013, 40(8): 082507.

[81] SENFT S L. A brief history of neuronal reconstruction [J]. Neuroinformatics, 2011, 9(2-3): 119-128.